建筑工程施工现场专业人员
上岗必读丛书

SHIYANYUAN BIDU

试验员必读

主编　李成林
参编　陈刚正　吴艳

中国电力出版社
CHINA ELECTRIC POWER PRESS

内 容 提 要

本书是根据《建筑与市政工程施工现场专业人员职业标准》（JGJ/T 250—2011）关于试验员岗位技能要求，结合现场施工技术与管理实际工作需要来编写的。本书内容主要包括试验员岗位涵盖的项目施工检测试验工作与管理、检测试验基础知识、常用检测试验试样（件）制作、建筑材料及试验、建筑装饰装修材料及试验、建筑施工试验与检测等。本书是试验员岗位必备的技术手册，也适合作为岗前、岗中培训与学习教材使用。

图书在版编目（CIP）数据

试验员必读/李成林主编. —2版. —北京：中国电力出版社，2017.7
（建筑工程施工现场专业人员上岗必读丛书）
ISBN 978 - 7 - 5198 - 0611 - 8

Ⅰ.①试… Ⅱ.①李… Ⅲ.①建筑材料－材料试验－基本知识 Ⅳ.①TU502

中国版本图书馆 CIP 数据核字（2017）第 073104 号

出版发行：中国电力出版社
地　　址：北京市东城区北京站西街 19 号（邮政编码 100005）
网　　址：http://www.cepp.sgcc.com.cn
责任编辑：周娟华　010 - 63412601
责任校对：王开云
装帧设计：张俊霞
责任印制：单　玲

印　　刷：三河市航远印刷有限公司
版　　次：2013 年 6 月第一版·2017 年 7 月第二版
印　　次：2017 年 7 月北京第二次印刷
开　　本：710 毫米×1000 毫米　16 开本
印　　张：14
字　　数：244 千字
定　　价：45.00 元

前　　言

　　建筑工程施工现场专业技术管理人员队伍的素质，是影响工程质量和安全的关键因素。行业标准《建筑与市政工程施工现场专业人员职业标准》（JGJ/T 250—2011）的颁布实施，对建设行业开展关键岗位培训考核和持证上岗工作，对于提高建筑从业人员的专业技术水平、管理水平和职业素养，促进施工现场规范化管理，保证工程质量和安全，推动行业发展和进步发挥了重要作用。

　　为了更好地贯彻落实《建筑与市政工程施工现场专业人员职业标准》（JGJ/T 250—2011）和 2015 年最新颁布的《建筑业企业资质管理规定》（中华人民共和国住房和城乡建设部令第 22 号）等法规文件要求，不断加强建筑与市政工程施工现场专业人员队伍建设，全面提升专业技术管理人员的专业技能和现场实际工作能力，推动建设科技的工程应用，完善和提高工程建设现代化管理水平，我们组织编写了这套专业技术人员上岗必读系列丛书，旨在从岗前培训考核到实际工程现场施工应用中，为工程专业技术人员提供全面、系统、最新的专业技术与管理知识、岗位操作技能等，满足现场施工实际工作需要。

　　本丛书主要依据建筑工程现场施工中各专业技术管理人员的实际工作技能和岗位要求，按照职业标准针对各岗位工作职责、专业知识、专业技能等相关规定，遵循"易学、易查、易懂、易掌握、能现场应用"的原则，把各专业人员岗位实际工作项目和具体工作要点精心提炼，使岗位工作技能体系更加系统、实用与合理，极大地满足了技术管理工作和现场施工应用的需要。

　　本书主要内容包括试验员岗位涵盖的项目施工检测试验工作与管理、检测试验基础知识、常用检测试验试样（件）制作、建筑材料及试验、建筑装饰装修材料及试验、建筑施工试验与检测等。本书内容丰富、全面、实用，技术先进，适合作为试验员岗前培训教材，也是试验员施工现场工作必备的技术手册，同时还可以作为大中专院校土木工程专业教材以及工人培训教材使用。

由于时间仓促和能力有限，本书难免有谬误之处和不完善的地方，敬请读者批评指正，以期通过不断的修订与完善，使本丛书能真正成为工程技术人员岗位工作的必备助手。

编　者

2017 年 3 月　北京

第一版前言

国家最新颁布实施的《建筑与市政工程施工现场专业人员职业标准》（JGJ/T 250—2011），为科学、合理地规范工程建设行业专业技术管理人员的岗位工作标准及要求提供了依据，对全面提高专业技术管理人员的工程管理和技术水平、不断完善建设工程项目管理水平及体系建设，加强科学施工与工程管理，确保工程质量和安全生产，将起到很大的促进作用。

随着建设事业的不断发展、建设科技的日新月异，对于建设工程技术管理人员的要求也不断变化和提高，为更好地贯彻和落实国家及行业标准对于工程技术人员岗位工作及素质要求，促进建设科技的工程应用，完善和提高工程建设现代化管理水平，我们组织编写了这套《建筑工程施工现场专业人员上岗必读丛书》，旨在为工程专业技术人员岗位工作提供全面、系统的技术知识与解决现场施工实际工作中的需要。

本丛书主要根据建筑工程施工中各专业岗位在现场施工的实际工作内容和具体需要，结合岗位职业标准和考核大纲的标准，充分贯彻《建筑与市政工程施工现场专业人员职业标准》（JGJ/T 250—2011）中有关于工程技术人员岗位"工作职责""应具备的专业知识""应具备的专业技能"等三个方面的素质要求，以岗位必备的管理知识、专业技术知识为重点，注重理论结合实际；以不断加强和提升工程技术人员职业素养为前提，深入贯彻国家、行业和地方现行工程技术标准、规范、规程及法规文件要求；以突出工程技术人员施工现场岗位管理工作为重点，满足技术管理需要和实际施工应用，力求做到岗位管理知识及专业技术知识的系统性、完整性、先进性和实用性。

本丛书在工程技术人员工程管理和现场施工工作需要的基础上，充分考虑到能兼顾不同素质技术人员、各种工程施工现场实际情况不同等多种因素，并结合专业技术人员个人不断成长的知识需要，针对各岗位专业技术人员管理工作的重点不同，分别从岗位管理工作与实务知识要求、工程现场实际技术工作重点、新技术应用等不同角度出发，力求在既不断提高各岗位技术人员工程管理水平的同时，又能不断加强工程现场施工管理，保证工程质量、安全。

本书内容涵盖了试验员岗位工作基础知识，项目施工试验工作与管理，建筑材料及试验，建筑装饰装修材料及试验，建筑施工试验与检测等，力求使试验员岗位管理工作更加科学化、系统化、规范化，并确保新技术的先进性和实用性、可操作性。

由于时间仓促和能力有限，本书难免有谬误之处和不完善的地方，敬请读者批评指正。

编　　者

目　录

第一章

项目施工检测试验工作与管理

一、项目施工现场检测试验任务和内容

1. 项目施工现场检测试验任务

（1）在选择料场和确定料源时，对未进场的原材料进行质量鉴定，根据原材料质量合格和经济合理的原则，选定料源。

（2）对运到施工现场的原材料，按有关规定的频率进行质量鉴定。

（3）对外单位供应的构件、成品、半成品，在查验其出厂质检资料后，做适量的抽检验证。

（4）对各种混合料的配合比进行设计，在确保工程质量的前提下，经济合理地选用配合比。

（5）负责施工过程中的施工质量控制。

（6）负责推广、研究、应用新材料、新技术、新工艺，并用试验数据论证其可靠性。

（7）负责试验样品的有效期保存，以备必要时复查。

（8）负责项目所有试验资料的整理、报验、保管，以利于竣工资料的编制、归档。

（9）参加各级组织的质量检查，并提供相应的资料；参与工程质量事故的调查分析，配合做好各种试验检测工作。

（10）对一些项目试验室无法检验的项目，负责联系委托外单位试验。

（11）协助配合工程监理、业主和当地质量监督部门的抽检工作。

（12）做好分包工程的试验检测和质量管理工作。

2. 项目施工现场检测试验工作范围

试验室应向建设行政主管部门申报并获得资质，在规定的业务范围内从事检测工作。建筑材料试验室应具备的基本检测项目包括：

（1）水泥、砂、石、掺和料、外加剂、轻骨料、砌墙砖和砌块、防水材料、装饰材料的常规检测。

（2）钢筋、钢筋接头力学性能检测。

（3）混凝土的强度、抗渗、配合比设计、非破损检测和钢筋保护层厚度检测。

（4）砌筑砂浆的强度、配合比设计。

（5）混凝土预制构件的承载力、挠度、抗裂或裂缝宽度检测。

（6）回填土击实试验、密度、含水量检测。

（7）外饰面砖黏结强度检测。

其他检测项目，如建筑门窗、化学建材、电气设施的检测，可根据需要来设置。

企业试验室作为企业的职能机构，往往还要担负企业管理方面的职责。例如，结合施工进行工程材料及其施工技术的研究，统计分析试验数据并向领导汇报，对本单位试验系统进行业务领导，检查、监督、指导工地试验工作，制订工地试验工作程序等。

工地试验员主要负责现场的施工试验，包括现场试件的制作、养护和送检，各种原材料、半成品的见证取样和送检，混凝土质量的监控验收，联系委托现场试验等重要工作。

二、项目施工现场检测试验站的配置与管理

1. 现场试验站设置要求

现场试验站是施工单位根据工程需要在施工现场设置的主要从事取样（含制样）、养护送检以及对部分检测试验项目进行试验的部门。现场试验站一般由工作间和标准养护室两部分组成。为保证建筑施工检测工作的顺利进行，当单位工程建筑面积超过 10 000m^2 或造价超过 1000 万元人民币时可设立现场试验站，工地规模小或受场地限制时可设置工作间和标准养护箱（池）。

现场试验站要明确检测试验项目及工作范围，并要满足相关安全、环保和节能的有关要求。现场试验站要建立健全检测管理制度，还应制定试验站负责人岗位职责，检测管理制度包括但不限于：①检测人员岗位职责；②见证取样送检管理制度；③混凝土（砂浆）试件标准养护管理制度；④仪器（仪表）、设备管理制度；⑤检测安全管理制度；⑥检测资料管理制度；⑦其他相关制

度。在试验站投入使用前，施工单位应组织有关人员对其进行验收，合格后才能开展工作。

2. 现场试验站环境条件

(1) 工作间（操作间）面积不宜小于 $15m^2$，工作间应配备必要的办公设备，其环境条件应满足相关规定标准，要配备必要的控制温度、湿度的设备，如空调、加湿器等。对操作间环境条件的一般要求为 $20℃±5℃$。

(2) 现场试验站应设置标准养护室，对混凝土或水泥砂浆试件进行标准养护。标准养护室的面积不宜小于 $9m^2$，养护室要具有良好的密封隔热保温措施。养护室内应配置一定数量的多层试件架子，确保所有试件均能上架养护，试件彼此间距≥10mm 放置在架子上。标准养护池的深度宜为 600mm，也必须有可行的控温措施。标准养护室（养护箱、养护池）对环境条件的一般要求为：养护室温度控制为 $20℃±2℃$，湿度要求为大于 95%。每日检查记录 3 次，早中晚各 1 次。

3. 组织机构和人员配备

(1) 人员配置。现场试验站人员根据工程规模和检测试验工作的需要配备，宜为 1~3 人。

(2) 设备配置。现场试验站根据检测试验种类及工作量大小，配齐足够的各种试模，混凝土振动台，砂浆稠度仪，坍落度筒，天平，台秤，钢直（卷）尺，标准养护室自动恒温恒湿装置，测定砂石含水率设备，干密度试验工具，量筒、量杯，烘干设备，大气测温设备，冬施混凝土测温仪（有冬施要求的配置）等。

(3) 站长职责。

1) 严格贯彻执行国家、部和地区颁发的现行有关建筑工程的法规、技术标准、检测试验方法等规定。熟悉掌握检测试验业务，制定试验站管理制度。

2) 在项目技术负责人领导下，全面负责试验工作。

3) 负责编制试验仪器、设备计划、配合计量员对仪器设备定期送检、标识。

4) 根据工程情况，编写检测试验计划。

5) 建立检测试验资料台账、做好检测试验资料的整理及归档。

(4) 试验员职责。

1) 负责现场原材料取样、送试工作。

2) 负责砂浆、混凝土试块的制作、养护、保管及送试，以便试验室进行测试工作。

3）负责拌和站砂浆、混凝土配合比计量检查校核工作。

4）负责砂、石含水率测定工作。

5）负责大气测温、标养室测温记录。

6）负责回填土的取样试验，并填写记录。

7）负责完成工程其他检测试验任务及项目技术负责人、站长交代的任务。

4. 检测试验仪器设备管理

（1）检测试验机构应配备与所开展测试工作相适应的仪器设备。

（2）检测试验机构应建立完整的仪器设备台账和档案。

（3）出现下列情况之一时，仪器设备应进行校准或检定。

1）首次使用前。

2）可能对测试结果有影响的维修、改造或移动后；停用后，再次投入使用前。

（4）仪器设备在下列情况下不得继续使用：

1）当仪器设备在量程刻度范围内出现裂痕、磨损、破坏、刻度不清或其他影响测量精度问题时。

2）当仪器设备出现显示缺损、不清或按键不灵敏等故障时。

（5）检测试验工作使用的仪器设备应按规定的周期进行校准（检定）。

（6）自校的仪器设备须编制自校规程。

（7）对于使用频次高或易产生漂移的仪器设备，在校准（检定）周期内，宜对其进行期间核查，并做好记录。

（8）仪器设备应有明显的校准（检定）标识，标识的内容应包括仪器设备使用状态、检定日期及有效期。

（9）仪器设备应按照有关规定及使用说明书的要求进行维护保养，并做好记录。

（10）用于现场测试的仪器设备，应建立领用和归还台账，记录仪器设备完好情况及其他相关信息。

5. 材料试验机的使用与维修

（1）液压式万能材料试验机的使用与操作。

1）度盘选用。在试验前，应对所做试验的最大荷载有所估计，选用相应的测量范围。同时，调整缓冲阀的手柄，以使相应的测量范围对准标准线。

2）摆锤的悬挂。一般试验机有三个测量范围，共有三个摆锤，使用前按照负荷选取。

3）指针零点调整。试验前，当试样的上端已被夹住但下端尚未夹住时，开动油泵，将指针调整到零点位置。

4）平衡锤的调整。试验时，先将需要的摆锤挂好，打开送油阀，使活塞升起一个段，然后再关闭送油阀，调节平衡锤，使摆杆上的刻线与标定的刻线重合。此时，如果指针未对零，则可调整推杆，使指针对准度盘的零点。

5）送油阀及回油阀的操作。在试台升起时，送油阀可开大一些。为使油泵输出的油能进入油缸内，使试台以最快的速度上升，减少试验的辅助时间，手轮可转动四圈。试验时，需平稳的作增减负荷操作；试样断裂后，将送油阀关闭，然后慢慢打开回油阀，以卸除荷载，并使试验机活塞落回到原来位置，使油回到油箱。当试样加荷时，必须将回油阀关紧，不允许有油漏回。送油阀手轮不要拧得过紧，以免损伤油针的尖梢。回油阀手轮必须拧紧，因油针端为较粗大的钝角，所以不易损伤。

6）试样的装夹。做拉伸试验时，先开动油泵，再拧开送油阀，使工作活塞升起一小段距离，然后关闭送油阀。将试样一端夹于上钳口，对准指针零点，再调整下钳口，夹住试样下端，开始试验。做压缩或弯曲试验时，将试样放在试台压板或弯曲支撑辊上，即可进行试验。压板和支撑辊与试样的接触面，应经过热处理硬化，以免试验时出现压痕而损伤试样表面。

7）应力应变图的示值。试样试验后产生变形，传经弦线，使描绘筒转动，构成应变坐标，其放大比例有 1:1、2:1、4:1 三种。

推杆位移与应力坐标对应见表1-1。

表1-1　　　　　　　推杆位移与应力坐标对应表

300kN 万能试验机	600kN 万能试验机	1000kN 万能试验机
0～60kN 应力坐标上 1mm 等于 0.3kN	0～120kN 应力坐标上 1mm 等于 0.6kN	0～200kN 应力坐标上 1mm 等于 1kN
0～150kN 应力坐标上 1mm 等于 0.75kN	0～300kN 应力坐标上 1mm 等于 1.5kN	0～500kN 应力坐标上 1mm 等于 2.5kN
0～300kN 应力坐标上 1mm 等于 1.5kN	0～600kN 应力坐标上 1mm 等于 3kN	0～1000kN 应力坐标上 1mm 等于 5kN

（2）压力试验机的使用与操作。

1）在使用前，必须检查储油箱的油量是否加满、油管接头有无松动，以防漏油、漏气。

2）根据试样要求，选择需要的弹簧和指示板。

3）转动手轮，将螺杆调至适当位置，如试样过小，可加垫板。

4）校正指针零点。

5）旋紧回油阀。

6）开动油泵，打开送油阀。注意控制加荷速度。

7）指针读数不再增加时，表示试件已完全破坏，达到极限强度。这时，应将回油阀慢慢打开，使油缸内的油回到储油箱内。

8）从动针指示的读数为试件的极限强度，记录完毕，将指针拨回零点。

（3）材料试验机的保养。各类油压试验机和万能试验机的保养方法如下：

1）试验机主体部位应擦拭干净；没有喷漆的表面，擦拭干净以后，要用纱布蘸少量机油再擦一遍，以防生锈。雨季时更应注意擦拭，不用时用布罩罩上，以防灰尘。

2）试验机上的各种油路、电路、螺钉、限位器、部件等，要定期检查。

3）测力计上所有活门不应经常打开放置，以免尘土进入内部，影响测力部分的灵敏性。

4）禁止未经培训过的人员使用试验机，以免发生意外。

5）试验暂停时，应将油泵关闭，不要空转，以免不必要地磨耗油泵部件。每次试验后试台下降时，活塞最好不落到油缸底，稍留一点距离，以利下次使用。

6）主体机座的压盖装有带螺纹的油堵（注油）孔，用来润滑下钳口座升降丝杠和螺母。机座上带有滚花纹的油堵孔是向油池加机油润滑蜗轮螺杆用的，如发现油针下部接触不到油面时，则加油至不超过测油针下部的扁部即可。

7）测力针内主轴及测力各部位应保持清洁，但不要加润滑油。

8）油泵内润滑的油应保持清洁，一般每月换油一次。油泵齿轮盒内采用齿轮油润滑，发现油过于污秽时，应更换新油。

9）试验机用液压油应符合设计要求的黏度，一般可采用中等黏度的矿物油。油内要求不含水、酸及其他混杂物，在普通温度下不分解、不变稠。用油规格可参考表1-2。

表 1-2　　　　　　　　　　　　**试验机用油参考规格**

适用温度	选用油的规格	
	规格	运动黏度/（mm²/s）
20℃±5℃	GB 443　HJ-20	17～23
30℃±5℃	GB 443　HJ-30	27～33

10）试验机一般每年校正一次，校正后不得轻易拆卸。机器每搬动一次，应校正一次。经校正好后，不得随便变更摆杆上部的调整螺钉的位置和角度，以免影响精度。

11）万能机的精度误差一般为±1%，压力机的误差为±2%以内，误差超出时必须维修。

（4）材料试验机的维修。

1）产生误差的原因及其排除方法。试验机的误差主要由机械的摩擦和传动比的改变引起。试验结果比实际大为正误差，比实际小为负误差，其产生原因和处理方法可参考表 1-3。

表 1-3　　　　　　　**材料试验机误差的产生原因及其排除方法**

误差类别	产生原因	处理方法
正误差	试验机主要部件安装不呈水平，使工作油缸与活塞间产生摩擦	校正水平（使用精度为 0.1/1000 的方水平仪，主体部分的不平度应小于 0.2/1000，测力部分应小于 0.5/1000），用楔形垫块边垫边拧紧地脚螺栓，反复校对直到符合要求，并用砂浆将底座周边塞满，以免日后垫铁松动
	机器在搬运过程中主体部分变形，影响升降，增加摩擦	机器在搬运时，一定要放正、放稳；衬垫要牢固、可靠，防止机器发生变形
	用黏度小的油更换黏度大的油，测力油缸中原来的油未排尽，造成两种油的压缩比不等	若测力缸中原来的油不易排净，换油时可将测力活塞从下边抽出，开动油泵，稍加一点压力，使测力油缸内有新油流出后，再装上活塞
	丝杠与螺母连接螺钉松动；部分零部件表面拉毛，局部有脏物；油缸罩壳偏斜与活塞相碰等，导致摩擦力增大	拧紧螺母，清洗相应部件；重新装罩壳

续表

误差类别	产生原因	处理方法
负误差	测力油缸太脏，活塞升降失灵	拆洗测力油缸
	荷载指示机构及推杆、滑轨、导向轴承等太脏或锈蚀，产生摩擦	清洗部件
	压力机拆卸后安装时，由于测力计齿轮间衔接太松，万能机推杆丝扣被磨损，加载后产生跳齿	安装时注意使齿轮间衔接合适，推杆丝扣无法维修时应更换
	摆锤轴承太脏、锈蚀或安装错误，产生摩擦	拆洗并正确安装
	测力活塞下部锥顶跳出凹形锥槽，改变传动比，误差不但大，而且每一组表盘各点示值相对误差基本相等	拆洗并正确安装
	测力系统受到某种障碍，如碰到电缆线或油缸、推杆、齿轮、滑轨某一段很脏，吊垂线或定位板稍低，将引起试验机（特别是万能机）表盘中间点误差很大，其余各点均正常，或最后一、二点误差显著增大	先检查测力杠杆系统有无障碍，最后再找其他原因，并加以修正
	压力机上压板球座很脏或失灵时，平面调整困难，使试件偏心受压	经常注意擦拭干净，并涂上少量机油，使球座保持清洁、灵活
	测力杆不灵活有拉毛现象；从动针摩擦阻力过大；摆轴、指针轴的轴承或齿杆齿轮太脏、生锈；测力活塞不垂直，测力活塞太脏；刻度盘有机玻璃罩壳与指针相碰	将测力杆拆下抛光；清洗并稍加润滑油或调整从动针的弹簧片；清洗后，加浓度很小的润滑油；调整测力活塞的垂直度或清洗测力活塞；调整指针与玻璃罩壳的间隙
误差无规律，忽正忽负	线杆与螺母间隙过大，对中性差	更换螺母或丝杆与球座连接处的垫圈
	凹球座与球头接触不良	修磨球座与球头
	测力齿条与摆锤回转中心的距离偏大产生正误差，偏小产生负误差	调整齿条的水平距离

2）故障原因分析。材料试验机常见故障及原因见表 1-4。

表 1-4	材料试验机常见故障及原因
故障现象	原因分析
油泵不出油	（1）油泵内部有空气。 （2）泵内有杂质，单向阀的钢球与阀口密封性差。 （3）马达倒转。 （4）吸油管堵塞或油管接头没拧紧
在试验过程中压力加不上去	（1）工作油缸漏油（因选用黏度较小的油或由于长期不用，油缸里的U形皮圈干枯）或油管接头漏油。 （2）油路太脏，送油阀活塞被堵。 （3）保险阀位置调节不当（不可拧得过紧，以调节到使压力稍稍超过试验机最大吨位为止）。 （4）工作油缸的侧面大螺钉调节不当，螺钉前面的油阀没有封住油路
测力计在均匀加荷时发生颤动、跳动或停滞	（1）高压油泵内有空气存在，测力油缸内空气未排净，送油阀内有空气存在。 （2）测力油缸太脏。 （3）测力计中的齿轮、推杆、摆锤轴承、导向轴承不清洁或锈蚀。 （4）指针有摩擦，吊锤挂线长短不合适或打结。 （5）柱塞泵某一柱塞卡死。 （6）油液黏度太小。 （7）阀的配合处密封性差。 （8）电器接触不良，产生抖动或异常响声
摆杆不能顺利回落或回落速度太快，以及摆杆扬起最大幅度而指针不能转动一圈	（1）油路太脏，使测力活塞或回油缓冲阀堵塞，缓冲阀不起作用。 （2）连杆上厂形挡板或横隔板上控制螺丝调整不当
指针不回零	（1）指针螺母松动。指针传动齿条、齿轮有毛刺或脏物。 （2）测力杆与测力油缸之间配合太紧；油液黏度太大。 （3）指针轴承有脏物
万能机试验台座上升后不能下降，下降后不能上升，或蜗轮与蜗杆之间传动有噪声	（1）定位螺丝松动，使蜗轮蜗杆发生变形，或者有铁屑或其他杂物混进去。 （2）电动机与高压油泵齿轮配合不好时，会产生噪声

三、项目现场施工检测试验管理

1. 现场施工检测试验程序管理

当工程开工时，应由施工、监理（建设）单位共同考察，按照有关规定协商或通过招标的方式来确定检测机构。检测机构必须保证检测试验工作的公正性。在施工现场应配备必要的检测试验人员、设备、仪器（仪表）、设施及相关标准，对建筑工程施工质量检测试验过程中产生的固体废弃物、废水、废气、噪声、震动和有害物质等的处置，应符合安全和环境保护等相关规定。现场施工检测试验程序，如图 1-1 所示。

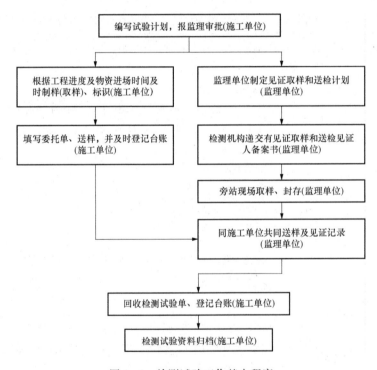

图 1-1　检测试验工作基本程序

建筑施工检测工作包括制订检测试验计划、取样（含制样）、现场检测、台账登记、委托检测试验及检测试验资料管理等。建筑施工检测试验工作应符合下列规定：

（1）当行政法规、国家现行标准或合同对检测单位的资质有要求时，应遵守其规定；当没有要求时，可由施工单位的企业试验室试验，也可委托具备相应资质的检测机构检测。

（2）对检测试验结果有争议时，应委托共同认可的具备相应资质的检测机构重新检测。

（3）检测单位的检测试验能力应与所承接检测试验项目相适应。

2. 检测试验计划

工程施工前，施工单位项目技术负责人应组织有关人员编制试验方案，确定工程检测内容和频率，并应报送监理单位进行审查和监督实施。工程物资检测试验应依据预算量、进场计划及相关标准规定的抽检率确定抽检频次；施工过程质量检测试验应根据施工方案中流水段划分、工程量、施工环境因素及质量控制的需要确定抽检频次；工程实体质量和使用功能检测应按照相关标准的要求检测频次；计划检测试验时间应根据工程施工进度计划确定。施工单位应按照核准的检测试验计划组织实施，当设计、施工工艺、施工进度或主要物资等发生变化时，应及时调整检测试验计划并重新送监理单位审查。

编写检测试验计划应依据施工图纸、施工组织设计、有关规范、规程及施工单位对检测试验要求按检测试验项目分别编制。检测试验计划应包括如下内容：①工程概况；②设计要求；③检测试验准备；④检测试验程序；⑤依据规范、标准；⑥各项目检测试验计划（检测试验项目名称、检测试验参数、试样规格；代表数量；施工部位；计划检测试验时间部位）；⑦检测试验质量保证措施；⑧安全环保措施。

3. 试样及标识

（1）试样的抽取或确定。进入现场材料的检测试样必须从施工现场随机抽取，严禁在现场外制取；施工过程质量检测试样，除确定工艺参数可制作模拟试样外，必须从施工现场相应的施工部位制取；工程实体质量与使用功能检测应依据相关标准抽取检测试样或确定检测部位。

（2）试样标识。试样应及时做唯一性标识；试样应按照取样时间顺序连续编号，不得空号、重号；试样标识的内容应该根据试样的特性确定，一般包括试样编号、名称、规格（强度等级）、制取日期等主要信息；试样标识应字迹清晰、附着牢固。

（3）施工日志。试验员在施工现场制取试样时，要详细记录施工环境、部位、使用材料、制取试样的方法、数量等有效信息，做到有据可查。

4. 检测试验台账

对现场试验站可按照单位工程及专业类别建立台账和记录，当试验人员制取试样并对其标识后，应及时登记委托台账，当检测结果不合格或不符合要求时，应在委托台账中注明。委托检测台账应按时间顺序编号，不得有空号、重号和断号，委托检测台账的页码要连续，不得抽换。现场试验站台账一般包括但不限于以下内容：

(1) 水泥检测试验台账；

(2) 砂石检测试验台账；

(3) 钢筋（材）检测试验台账；

(4) 砌墙砖（砌块）检测试验台账；

(5) 防水材料检测试验台账；

(6) 混凝土外加剂检测试验台账；

(7) 混凝土检测试验台账；

(8) 砂浆检测试验台账；

(9) 钢筋（接头）连接检测试验台账；

(10) 回填土检测试验台账；

(11) 节能保温材料检测试验台账；

(12) 仪器设备登记台账；

(13) 根据工程需要建立的其他委托检测试验台账；

(14) 不合格台账；

(15) 标养室温湿度记录；

(16) 混凝土坍落度记录：每次浇筑混凝土，要求每工作台班测坍落度次数不少于2次；

(17) 大气测温记录；

(18) 有见证试验送试记录；

(19) 材料进场通知单。

5. 委托检测

(1) 施工现场检测人员应按照检测计划并根据现场工程物资进场数量及施工进度等情况、及时取样（含制备）并委托检测。

(2) 施工现场检测人员办理委托检测时，应正确填写委托（合同）书，有特殊要求时，应在委托（合同）书中注明。

(3) 施工现场检测人员办理委托后，应及时在检测试验台账登记委托编号。

6. 见证检测

(1) 有见证取样管理要求。

1）施工单位的现场试验人员应在建设单位或工程监理人员的见证下，对工程中涉及结构安全的试块、试件和材料进行现场取样，送至有见证检测资质的建筑工程质量检测单位进行检测。

2）有见证取样项目和送检次数应符合国家和本市有关标准、法规的规定要求，重要工程或工程的重要部位可增加有见证取样和送检次数。送检试样在施工试验中随机抽取，不得另外进行。

3）单位工程施工前，项目技术负责人应与建设、监理单位共同制定有见证取样的送检计划，并确定承担有见证试验的检测机构。当各方意见不一致时，由承监工程的质量监督机构协调决定。每个单位工程只能选定一个承担有见证试验的检测机构。承担该工程的企业实验室不得担负该项工程的有见证试验业务。

4）见证取样和送检时，取样人员应在试样或其包装上做出标识、封志。标识和封志应标明样品名称和数量、工程名称、取样部位、取样日期，并有取样人和见证人签字。见证人员应做见证记录，见证记录列入工程施工技术档案。承担有见证试验的检测单位，在检查确认委托试验文件和试样上的见证标识、封志无误后，方可进行试验，否则应拒绝试验。

5）各种有见证取样和送检试验资料必须真实、完整，不得伪造、涂改、抽换或丢失。

6）对涉及结构安全和使用功能的重要分部工程应进行抽样检测，并应按照各专业分部（子部）验收计划，在分部（子分部）工程验收前完成。抽测工作实行见证取样。

（2）有见证取样的范围。下列涉及结构安全的试块、试件和材料应100％实行见证取样和送检：

1）用于承重结构的混凝土试块。

2）用于承重墙体的砌筑砂浆试块。

3）用于承重结构的钢筋及连接接头试件。

4）用于承重墙的砖和混凝土小型砌块。

5）用于拌制混凝土和砌筑砂浆的水泥。

6）用于承重结构的混凝土中使用的掺和料和外加剂。

7）防水材料。

8）预应力钢绞线、锚夹具。

9）沥青、沥青混合料。

10）道路工程用无机结合料稳定材料。

11）建筑外窗。

12）建筑节能工程用保温材料、绝热材料、黏结材料、增强网、幕墙玻璃、隔热型材、散热器、风机盘管机组、低压配电系统选择的电缆、电线等。

13）钢结构工程用钢材及焊接材料、高强度螺栓预拉力、扭矩系数、摩擦面抗滑移系数和网架节点承载力试验。

14）国家及地方标准、规范规定的其他见证检验项目。

7. 检测试验技术资料管理

（1）委托检测资料。

1）检测试验委托书应包括以下内容：

①委托编号。

②委托方名称、地址。

③工程名称及部位、试样（件）名称、编号、规格和代表数量。

④测试依据及测试项目。

⑤委托试样（件）状态的描述。

⑥抽样方式（见证试验、施工方送样、检测单位抽样等）。

⑦双方责任。

⑧委托人及接收人签字及日期。

2）检测试验报告发出后，委托方要求更改委托书中由委托方提供的信息时，需提供委托方负责人和监理工程师签署的书面申请。

3）委托编号应按年度顺序编号，其编号应连续。

（2）原始记录。

1）原始记录应有固定格式，不得使用空白纸张或笔记本等作为原始记录。

2）原始记录应包括以下内容，并能够复现测试工作的主要过程。

①试样（件）信息。

②测试日期。

③测试环境条件。

④测试项目。

⑤测试依据。

⑥仪器设备编号。

⑦测试数据。

⑧测试过程中发生的异常情况。

⑨测试人员、校核人员签字。

⑩ 其他必要的信息。

3) 原始记录应分类按年度顺序编号，其编号应连续。原始记录数据不得随意更改，因笔误需更改，应在错误处划改并注明更改人。

（3）检测试验报告。

1) 检测试验机构出具的检测试验报告应包含足够的信息，内容应真实、客观，数据可靠，结论明确，有测试人员、审核人员和批准人员签字，并加盖检测试验机构的印章。

2) 自行编制的检测试验报告应包括以下主要内容：

①报告名称、编号。

②委托方名称、工程名称。

③样品名称、编号、规格、代表数量。

④测试日期。

⑤测试依据。

⑥测试数据、照片、附图及结论。

⑦测试人员、审核人员及批准人员签字。

⑧其他必要的信息。

3) 检测试验报告的结论应符合下列规定：

①检测试验机构出具的检测试验报告均应给出文字描述的结论。

②当仅有材料试验方法而无产品标准，材料试验报告结论应按设计要求或委托方要求给出明确的判定。

③工程检测报告的结论应根据设计要求给出明确的判定。当原设计没有要求或因设计资料不全，不能确定原设计要求时，可将检测结果列出，作为检测报告的结论。

4) 检测试验报告的编号应按年度分类顺序编号，其编号应连续。

5) 工程检测报告不得使用计算机扫描签名。材料试验报告不宜使用计算机扫描签名。当使用计算机扫描签名时，检测试验机构必须采取有效措施，保证材料试验报告中的计算机扫描签名均为该签名合法使用人签署。

6) 检测试验报告应加盖检测试验机构公章或检测试验专用章；有见证取样送检项目的试验报告，还应加盖"有见证试验"专用章；取得计量认证项目的检测试验机构应在其出具的检测试验报告中加盖"CMA"专用章；检测机构还应在其出具的材料试验报告上加盖建设工程质量检测机构专用钢印。

7) 修改已发出的检测试验报告，必须作出书面声明，并以测试数据修改单或重新发放检测试验报告的方式进行。检测试验机构应将修改原因及修改过程记录与原报告一起保存。

8）检测试验报告应符合下列规定。

①检测试验报告应采用 A4 纸打印，检测报告所用纸张的规格不宜小于 70g；试验报告所用纸张的规格不宜小于 50g。

②检测试验报告的页边距宜符合下列规定：上 25mm；下 25mm；左 30mm；右 20mm。

③工程检测报告应有封面和封底，并加盖骑缝章。

（4）技术资料归档。

1）检测试验机构应设专人对技术资料进行管理，定期归档保存。

2）技术资料应按测试项目分类归档。归档资料应包含委托编号所对应的委托书、原始记录和检测试验报告。

3）资料管理人员应及时将技术资料登记、编目、标识，以方便检索查阅。

4）存放技术资料的场所应符合档案管理的规定，防止损坏、丢失。

5）检测试验委托书、原始记录、检测试验报告、仪器设备使用记录、环境温湿度记录、试验室间比对和验证记录保存期限不少于 5 年；人员技术档案、仪器设备档案、仪器设备检定（校准、测试）证书应长期保存。

6）电子资料应进行备份并建立索引，设专人管理，定期归档。

7）检测试验机构的技术资料应采取适当的保护和保密措施，无关人员不得查阅，未经批准不得修改和复制。

第二章

检测试验基础知识

一、建筑材料物理性质

1. 材料的密度

密度是指材料的质量与体积之比。根据材料所处状态不同，材料的密度可分为密度、表观密度和堆积密度。

（1）密度。材料在绝对密实状态下，单位体积的质量称为密度，即

$$\rho = \frac{m}{V} \tag{2-1}$$

式中　ρ——材料的密度，g/cm^3 或 kg/m^3；

　　　m——材料的质量，g 或 kg；

　　　V——材料在绝对密实状态下的体积，即材料体积内固体物质的实体积，cm^3 或 m^3。

建筑材料中除少数材料（如钢材、玻璃等）外，大多数材料都含有一定孔隙。为了测得含孔材料的密度，应把材料磨成细粉除去内部孔隙，用李氏瓶测定其实体积。材料磨得越细，测得的体积越接近绝对体积，所得密度值越准确。

（2）表观密度。材料在自然状态下，单位体积的质量称为表观密度（亦称体积密度），即

$$\rho_0 = \frac{m}{V_0} \tag{2-2}$$

式中　ρ_0——材料的表观密度，kg/m^3 或 g/cm^3；

　　　m——在自然状态下材料的质量，kg 或 g；

　　　V_0——在自然状态下材料的体积，m^3 或 cm^3。

在自然状态下，材料内部的孔隙可分两类：有的孔之间相互连通，且与外界相通，称为开口孔；有的孔互相独立，不与外界相通，称为闭口孔。大多数材料

在使用时，其体积为包括内部所有孔在内的体积，即自然状态下的外形体积（V_0），如砖、石材、混凝土等。有的材料（如砂、石）在拌制混凝土时，因其内部的开口孔被水占据，因此材料体积只包括材料实体积及其闭口孔体积（以 V' 表示）。为了区别这两种情况，常将包括所有孔隙在内时的密度称为表观密度；把只包括闭口孔在内时的密度称为视密度，用 ρ' 表示，即 $\rho' = \dfrac{m}{V'}$。视密度在计算砂、石在混凝土中的实际体积时，具有实用意义。

在自然状态下，材料内部常含有水分，其质量随含水程度而改变，因此视密度应注明其含水程度。干燥材料的表观密度，称为干表观密度。可见，材料的视密度除决定于材料的密度及构造状态外，还与含水程度有关。

（3）堆积密度。粉状及颗粒状材料在自然堆积状态下单位体积的质量，称为堆积密度（亦称松散体积密度），即

$$\rho'_0 = \frac{m}{V'_0} \qquad\qquad (2-3)$$

式中　ρ'_0——材料的堆积密度，kg/m^3；

　　　m——材料的质量，kg；

　　　V'_0——材料的自然堆积体积，m^3。

材料的堆积密度主要与材料颗粒的表观密度以及堆积的疏密程度有关。

在建筑工程中，进行配料计算、确定材料的运输量及堆放空间、确定材料用量及构件自重等，经常用到材料的密度、表观密度和堆积密度，常用材料的密度、表观密度及堆积密度见表 2-1。

表 2-1　　　　　　　常用材料的密度、表观密度及堆积密度

材料名称	密度/（g/cm³）	表观密度/（g/cm³）	堆积密度/（kg/m³）
钢材	7.85	—	—
木材（松木）	1.55	0.4～0.8	—
普通黏土砖	2.5～2.7	1.6～1.8	—
花岗石	2.6～2.9	2.5～2.8	—
水泥	2.8～3.1	—	1000～1600
砂	2.6～2.7	2.65	1450～1650
碎石（石灰石）	2.6～2.8	2.6	1400～1700
普通混凝土	—	2.1～2.6	—

2. 材料的孔隙率、空隙率

(1) 孔隙率。孔隙率是指在材料体积内，孔隙体积所占的比例。以 P 表示，即

$$P = \frac{V_0 - V}{V_0} \times 100\%$$

$$= \left(1 - \frac{\rho_0}{\rho}\right) \times 100\% \qquad (2-4)$$

材料的孔隙率的大小，表现了材料内部构造的致密程度。许多工程性质（如强度、吸水性、抗渗性、抗冻性、导热性、吸声性等）都与材料的孔隙有关。这些性质除了取决于孔隙率的大小外，还与孔隙的构造特征密切相关。孔隙特征主要指孔的种类（开口孔与闭口孔）、孔径的大小及分布等。实际上，绝对闭口的孔隙是不存在的。在建筑材料中，常以在常温常压下，水能否进入孔中来区分开口孔与闭口孔。因此，开口孔隙率（P_K）是指在常温常压下能被水所饱和的孔体积（即开口孔体积 V_K）与材料的体积之比，即

$$P_K = \frac{V_K}{V_0} \times 100\% \qquad (2-5)$$

闭口孔隙率（P_B）便是总孔隙率（P）与开口孔隙率（P_K）之差，即

$$P_B = P - P_K \qquad (2-6)$$

(2) 空隙率。空隙率是用来评定颗粒状材料在堆积体积内疏密程度的参数。它是指在颗粒状材料的堆积体积内，颗粒间空隙体积所占的比例。以 P' 表示，即

$$P' = \frac{V'_0 - V_0}{V'_0} \times 100\%$$

$$= \left(1 - \frac{\rho'_0}{\rho_0}\right) \times 100\% \qquad (2-7)$$

式中　V_0——材料所有颗粒体积之总和，m^3；

　　　ρ_0——材料颗粒的表观密度。

当计算混凝土中粗骨料的空隙率时，由于混凝土拌和物中的水泥浆能进入石子的开口孔内（即开口孔也作为空隙），因此，ρ_0 应按石子颗粒的视密度 ρ' 计算。

3. 材料与水有关的性质

(1) 亲水性与憎水性（疏水性）。当水与建筑材料在空气中接触时，会出现两种不同的现象。图 2-1(a) 中水在材料表面易于扩展，这种与水的亲和性，称为亲水性。

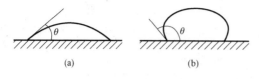

图2-1　材料润湿边角

(a) 亲水性材料；(b) 憎水性材料

表面与水亲和力较强的材料，称为亲水性材料。水在亲水性材料表面上的润湿边角（固、气、液三态交点处，沿水滴表面的切线与水和固体接触面所成的夹角）$\theta \leqslant 90°$。材料与水接触时，不与水亲和，这种性质称为憎水性。水在憎水性材料表面上呈图2-1(b) 所示的状态，$\theta > 90°$。

在建筑材料中，各种无机胶凝材料、石材、砖瓦、混凝土等均为亲水性材料，因为这类材料的分子与水分子间的引力大于水分子之间的内聚力。沥青、油漆、塑料等为憎水性材料，它们不但不与水亲和，而且还能阻止水分渗入毛细孔中，降低材料的吸水性。憎水性材料常用作防潮、防水及防腐材料，也可以对亲水性材料进行表面处理，以降低其吸水性。

（2）吸湿性与吸水性。

1）吸湿性。材料在环境中能吸收空气中水分的性质，称为吸湿性。吸湿性常以含水率表示，即吸入水分与干燥材料的质量比。一般来说，开口孔隙率较大的亲水性材料具有较强的吸湿性。材料的含水率还受环境条件的影响，随温度和湿度的变化而改变。最终，材料的含水率将与环境湿度达到平衡状态，此时的含水率称为平衡含水率。

2）吸水性。材料在水中能吸收水分的性质称为吸水性。吸水性大小用吸水率表示，吸水率常用质量吸水率，即材料在水中吸入水的质量与材料干质量之比表示：

$$W_{\mathrm{m}} = \frac{m_1 - m}{m} \times 100\% \qquad (2-8)$$

式中　W_{m}——材料的质量吸水率，%；

　　　m_1——材料吸水饱和后的质量，g 或 kg；

　　　m——材料在干燥状态下的质量，g 或 kg。

对于高度多孔、吸水性极强的材料，其吸水率可用体积吸水率，即材料吸入水的体积与材料在自然状态下体积之比表示：

$$W_{\mathrm{V}} = \frac{V_{\mathrm{w}}}{V_0} = \frac{m_1 - m}{\rho_{\mathrm{w}} V_0} \times 100\% \qquad (2-9)$$

式中　W_{V}——材料的体积吸水率，%；

　　　V_{w}——材料吸水饱和时水的体积，cm^3；

ρ_w——水的密度，g/cm^3。

可见，体积吸水率与开口孔隙率是一致的。质量吸水率与体积吸水率存在如下关系：

$$W_V = \frac{W_m \rho_0}{\rho_w} \qquad (2-10)$$

材料吸水率的大小主要取决于材料的孔隙率及孔隙特征，密实材料及只具有闭口孔的材料是不吸水的；具有粗大孔的材料因不易吸满水分，其吸水率常小于孔隙率；而那些孔隙率较大，且具有细小开口连通孔的亲水性材料往往具有较大的吸水能力。材料的吸水率是一个定值，它是该材料的最大含水率。

材料在水中吸水饱和后，吸入水的体积与孔隙体积之比，称为饱和系数：

$$K_B = \frac{V_w}{V_0 - V} = \frac{W_0}{P} = \frac{P_K}{P} \qquad (2-11)$$

式中　　K_B——饱和系数，%；

P_K、P——分别为材料的开口孔隙率及总孔隙率，%。

饱和系数说明了材料的吸水程度，也反映了材料的孔隙特征，若 $K_B = 0$，说明材料的孔隙全部为闭口的；$K_B = 1$，则全部为开口的。

材料吸水后，不但可使质量增加，而且会使强度降低，保温性能下降，抗冻性能变差，有时还会发生明显的体积膨胀，可见材料中含水对材料的性能往往是不利的。

（3）耐水性。材料在水的长期作用下强度不显著降低的性质，称为耐水性。

材料含水后，将会以不同方式来减弱其内部结合力，使强度有不同程度的降低。材料的耐水性用软化系数表示：

$$K = \frac{f_1}{f} \qquad (2-12)$$

式中　K——材料的软化系数；

f_1——材料吸水饱和状态下的抗压强度，MPa；

f——材料在干燥状态下的抗压强度，MPa。

软化系数在 0～1 波动，软化系数越小，说明材料吸水饱和后强度降低得越多，耐水性越差。受水浸泡或处于潮湿环境中的重要建筑物所选用的材料其软化系数不得低于 0.85。因此，软化系数大于 0.85 的材料，通常被认为是耐水的。干燥环境中使用的材料可不考虑耐水性。

（4）抗渗性。材料抵抗压力水渗透的性质称为抗渗性（或不透水性）。材料的抗渗性常用抗渗等级来表示，抗渗等级用材料抵抗压力水渗透的最大水压力值来确定。其抗渗等级越大，则材料的抗渗性越好。

材料的抗渗性也可用其渗透系数 K_s 表示。K_s 值越大，表明材料的透水性越好，抗渗性越差。

材料的抗渗性主要取决于材料的孔隙率及孔隙特征。密实的材料，具有闭口孔或极微细孔的材料，实际上是不会发生透水现象的。具有较大孔隙率且为较大孔径、开口连通孔的亲水性材料，往往抗渗性较差。

对于地下建筑及水工构筑物等经常受压力水作用的工程，所用材料及防水材料都应具有良好的抗渗性能。

（5）抗冻性。材料在使用环境中，经受多次冻融循环而不破坏，强度也无显著降低的性质，称为抗冻性。

材料经多次冻融循环后，表面将出现裂纹、剥落等现象，造成重量损失、强度降低。这是由于材料内部孔隙中的水分结冰时体积增大（约 9%）对孔壁产生很大的压力（每平方毫米可达 100N），冰融化时压力又骤然消失所致。无论是冻结还是融化过程，都会使材料冻融交界层间产生明显的压力差，并作用于孔壁使之损坏。

材料的抗冻性高低，与材料的构造特征、强度、含水程度等因素有关。一般情况下，密实及具有闭口孔的材料有较好的抗冻性；具有一定强度的材料，对冰冻有一定的抵抗能力；材料含水量越大，冰冻破坏作用越大。此外，经受冻融循环的次数越多，材料遭受损坏越严重。

材料的抗冻性试验是使材料吸水至饱和后，在 $-15℃$ 下冻结规定时间，然后在室温的水中融化，经过规定次数的冻融循环后，测定其质量及强度损失情况来衡量材料的抗冻性。有的材料（如普通砖）以反复冻融 15 次后其重量及强度损失不超过规定值，即为抗冻性合格。有的材料（如混凝土）的抗冻性用抗冻等级来表示。

对于冬季室外计算温度低于 $-10℃$ 的地区，工程中使用的材料必须进行抗冻性检验。

4. 材料与热有关的性质

（1）导热性。材料传导热量的能力称为导热性。材料的导热能力用导热系数 λ 表示：

$$\lambda = \frac{Qd}{A(T_2 - T_1)t} \tag{2-13}$$

式中　λ——导热系数，W/（m·K）；

　　Q——传导的热量，J；

　　d——材料的厚度，m；

　　A——材料的导热面积，m^2；

T_2-T_1——材料两侧的温度差，K；

　　t——传热时间，s。

令 $q=Q/At$，q 称为热流量，上式可写成：

$$q = \frac{\lambda}{d}(T_2 - T_1) \qquad (2 - 14)$$

从式中可以看出，材料两侧的温度差是决定热流量的大小和方向的客观条件，而 A 则是决定 q 值的内在因素。材料的热阻用 R 表示，单位为 m·K/W。

$$R = \frac{d}{\lambda} \qquad (2 - 15)$$

式中　R——热阻，（m^2·K）/W；

　　d——材料厚度，m；

　　λ——传热系数，W/（m·K）。

可见，导热系数与热阻都是评定建筑材料保温隔热性能的重要指标。材料的导热系数越小，热阻值越大，材料的导热性能越差，保温隔热性能越好。材料的导热性主要取决于材料的组成及结构状态。

1）组成及微观结构。金属材料的导热系数最大，如在常温下铜的 λ 为 370W/(m·K)，钢的 λ 为 58W/(m·K)，铝的 λ 为 221W/(m·K)；无机非金属材料次之，如普通黏土砖的 λ 为 0.8W/(m·K)，普通混凝土的 λ 为 1.51W/(m·K)；有机材料最小，如松木（横纹）的 λ 为 0.17W/(m·K)，泡沫塑料的 λ 为 0.03W/(m·K)。相同组成的材料，结晶结构的导热系数最大，微晶结构的次之，玻璃体结构的最小。为了获取导热系数较低的材料，可通过改变其微观结构的办法来实现，如水淬矿渣即是一种较好的绝热材料。

2）孔隙率及孔隙特征。由于密闭空气的导热系数 λ 为 0.023W/(m·K)，很小，因此，材料孔隙率的大小能显著地影响其导热系数，孔隙率越大，材料的导热系数越小。在孔隙率相近的情况下，孔径越大，孔隙互相连通得越多，导热系数将偏大，这是由于孔中气体产生对流的缘故。对于纤维状材料，当其密度低于某一限值时，其导热系数有增大的趋势。因此，这类材料存在一个最佳密度，即在该密度下导热系数最小。

材料的含水程度对其导热系数的影响非常显著。由于水的导热系数 λ 为 0.58W/(m·K)，比空气的导热系数约大 25 倍，所以材料受潮后其导热系数将明显增加，若受冻，则导热系数更大，如冰的导热系数 λ 为 2.33W/(m·K)。

人们常把防止内部热量散失称为保温，把防止外部热量的进入称为隔热，将保温、隔热统称为绝热，并将 $\lambda \leqslant 0.175$W/(m·K) 的材料称作绝热材料。

（2）热容量。材料受热时吸收热量，冷却时放出热量的性质称为材料的热容量。材料吸收或放出的热量可用下式计算：

$$Q = Cm(T_2 - T_1) \qquad (2-16)$$

式中　Q——材料吸收（或放出）的热量，J；

　　　C——材料的比热（又称热容量系数），J/(kg·K)；

　　　m——材料的质量，kg；

$T_2 - T_1$——材料受热（或冷却）前后的温度差，K。

比热与材料质量之积称为材料的热容量值。材料具有较大的热容量值，对室内温度的稳定有良好的作用。

几种常用建筑材料的导热系数和比热值见表 2-2。

表 2-2　　　　　　　　几种典型材料的导热系数和比热值

材料	导热系数/[W/(m·K)]	比热//[J/(g·K)]	材料	导热系数/[W/(m·K)]	比热//[J/(g·K)]
钢材	58	0.48	泡沫塑料	0.035	1.30
花岗石	3.49	0.92	水	0.58	4.19
普通混凝土	1.51	0.84	冰	2.33	2.05
普通黏土砖	0.80	0.88	密闭空气	0.023	1.00
松木	横纹 0.17 顺纹 0.35	2.5			

（3）耐热性与耐燃性。

1）耐热性（亦称耐高温性或耐火性）。材料长期在高温作用下不失去使用功能的性质，称为耐热性。材料在高温作用下会发生性质的变化而影响材料的正常使用。

①受热变质。一些材料长期在高温作用下会发生材质的变化。如二水石膏在 65～140℃脱水成为半水石膏；石英在 573℃由 α 石英转变为 β 石英，同时体积增

大 2%；石灰石、大理石等碳酸盐类矿物在 900℃以上分解；可燃物常因在高温下急剧氧化而燃烧，如木材长期受热发生碳化，甚至燃烧。

②受热变形。材料受热作用时要发生热膨胀，导致结构破坏。材料受热膨胀大小，常用膨胀系数表示。普通混凝土膨胀系数为 10×10^{-6}，钢材膨胀系数为 $(10 \sim 12) \times 10^{-6}$，因此它们能组成钢筋混凝土共同工作。普通混凝土在 300℃以上，由于水泥石脱水收缩，骨料受热膨胀，因而混凝土长期在 300℃以上工作会导致结构破坏。钢材在 350℃以上时，其抗拉强度显著降低，会使钢结构产生过大的变形而失去稳定。

2）耐燃性。在发生火灾时，材料抵抗和延缓燃烧的性质称为耐燃性（或称防火性）。材料的耐燃性按耐火要求规定，分为非燃烧材料、难燃烧材料和燃烧材料三大类。

①非燃烧材料，即在空气中受高温作用不起火、不微燃、不碳化的材料。无机材料均为非燃烧材料，如普通砖、玻璃、陶瓷、混凝土、钢材、铝合金材料等。但是，玻璃、混凝土、钢材、铝材等受火焰作用会发生明显的变形而失去使用功能，所以它们虽然是非燃烧材料，有良好的耐燃性，但却是不耐火的。

②难燃烧材料，即在空气中受高温作用难起火、难微燃、难碳化，当火源移走后，燃烧会立即停止的材料。这类材料多为以可燃材料为基体的复合材料，如沥青混凝土、水泥刨花板等，它们可推迟发火时间或缩缓火灾的蔓延。

③燃烧材料，即在空气中受高温作用会自行起火或微燃，当火源移走后，仍能继续燃烧或微燃的材料，如木材及大部分有机材料。

为了使燃烧材料有较好的防火性，多采用表面涂刷防火涂料的措施。组成防火涂料的成膜物质可为非燃烧材料（如水玻璃）或是有机含氯的树脂。在受热时能分解而放出的气体中含有较多的卤素（F、Cl、Br 等）和氮（N）的有机材料，具有自消火性。

常用材料的极限耐火温度见表 2-3。

表 2-3　　　　　　常见材料的极限耐火温度

材　料	温度/℃	注　解
普通黏土砖砌体	500	最高使用温度
普通钢筋混凝土	200	最高使用温度
普通混凝土	200	最高使用温度
页岩陶粒混凝土	400	最高使用温度

续表

材　料	温度/℃	注　解
普通钢筋混凝土	500	火灾时最高允许温度
预应力混凝土	400	火灾时最高允许温度
钢材	350	火灾时最高允许温度
木材	260	火灾危险温度
花岗石（含石英）	575	相变发生急剧膨胀温度
石灰岩、大理石	750	开始分解温度

5. 材料的声学性质

（1）吸声。声波传播时，遇到材料表面，一部分将被材料吸收，并转变为其他形式的能。被吸收的能量 E_a 与传递给材料表面的总声能 E_0 之比称为吸声系数，用 α 表示：

$$\alpha = \frac{E_a}{E_0} \tag{2-17}$$

吸声系数评定了材料的吸声性能。任何材料都有一定的吸声能力，只是吸收的程度不同，并且，材料对不同频率的声波的吸收能力也有所不同。因此，通常采用频率为 125、250、500、1000、2000、4000Hz，平均吸声系数 α 大于 0.2 的材料作为吸声材料。吸声系数越大，表示材料吸声能力越强。

材料的吸声机理是复杂的，通常认为：声波进入材料内部使空气与孔壁（或材料内细小纤维）发生振动与摩擦，将声能转变为机械能最终转变为热能而被吸收。可见，吸声材料大多是具有开口孔的多孔材料或是疏松的纤维状材料。一般而言，孔隙越多，越细小，吸声效果越好；增加材料厚度对低频吸声效果提高、对高频影响不大。

（2）隔声。隔声与吸声是两个不同的概念。隔声是指材料阻止声波的传播，是控制环境中噪声的重要措施。

声波在空气中传播遇到密实的围护结构（如墙体）时，声波将激发墙体产生振动，并使声音透过墙体传至另一侧空间中。空气对墙体的激发服从"质量定律"，即墙体的单位面积质量越大，隔声效果越好。因此，砖及混凝土等材料的结构，隔声效果都很好。

结构的隔声性能用隔声量表示，隔声量是指入射与透过材料声能相差的分贝（dB）数。隔声量越大，隔声性能越好。

6. 材料的光学性质

（1）光泽度。材料表面反射光线能力的强弱程度，称为光泽度。它与材料的颜色及表面光滑程度有关，一般来说，颜色越浅、表面越光滑，其光泽度越大。光泽度越大，表示材料表面反射光线能力越强。光泽度用光电光泽计测得。

（2）透光率。光透过透明材料时，透过材料的光能与入射光能之比称为透光率（透光系数）。玻璃的透光率与其组成及厚度有关。厚度越厚，透光率越小。普通窗用玻璃的透光率为 0.75～0.90。

二、材料的力学性质

1. 强度及强度等级

（1）材料的强度。材料在外力（荷载）作用下抵抗破坏的能力，称为强度。材料在外力作用下，不同的材料可出现两种情况：一种是当内部应力值达到某一值（屈服点）后，应力不再增加也会产生较大的变形，此时虽未达到极限应力值，却使构件失去了使用功能；另一种是应力未能使材料出现屈服现象，就已达到了其极限应力值而出现断裂。这两种情况下的应力值都可作为材料强度的设计依据。前者如建筑钢材，以屈服点值作为钢材设计依据；而几乎所有的脆性材料，如石材、普通砖、混凝土、砂浆等，都属于后者。

材料的强度是通过对标准试件在规定的试验条件下的破坏试验来测定的。根据受力方式不同，可分为抗压强度、抗拉强度及抗弯强度等。常用材料强度测定见表 2 - 4。

不同种类的材料具有不同的抵抗外力的特点。同种材料，其强度随孔隙率及宏观构造特征不同有很大差异。一般来说，材料的孔隙率越大，其强度越低。此外，材料的强度值还受试验时试件的形状、尺寸、表面状态、含水程度、温度及加荷载的速度等因素影响，因此国家规定了试验方法，测定强度时应严格遵守。

（2）强度等级、比强度。

1）强度等级。为了掌握材料的力学性质，合理选择材料，常将建筑材料按极限强度（或屈服点）划分不同的等级，即强度等级。对于石材、普通砖、混凝土、砂浆等脆性材料，由于主要用于抗压，因此以其抗压强度来划分等级；而建筑钢材主要用于抗拉，则以其屈服点作为划分等级的依据。

2）比强度。比强度是用来评价材料是否轻质高强的指标。它是指材料的强度与其表观密度之比，其数值越大，表明该材料轻质、高强。表 2 - 5 的数值表

试验员必读（第2版）

明，松木为轻质高强，而烧结普通砖比强度值最小。

表 2-4 测定强度的标准试件

受力方式	试件	简图	计算公式	材料	试件尺寸/mm
		(a) 轴向抗压强度极限			
轴向受压	立方体		$f_压=\dfrac{F}{A}$	混凝土 砂浆 石材	$150\times150\times150$ $70.7\times70.7\times70.7$ $50\times50\times50$
	棱柱体			混凝土 木材	$a=100,\ 150,\ 200$ $h=2a\sim3a$ $a=20,\ h=30$
	复合试件			砖	$s=115\times120$
	半个棱柱体			水泥	$s=40\times62.5$
		(b) 轴向抗拉强度极限			
轴向受拉	钢筋拉伸试件		$f_拉=\dfrac{F}{A}$	钢筋 木材	$l=5d$ 或 $l=10d$ $A=\dfrac{\pi d^2}{4}$ $a=15,\ h=4$ $(A=ab)$
	立方体			混凝土	$100\times100\times100$ $150\times150\times150$ $200\times200\times200$

28

续表

受力方式	试件	简图	计算公式	材料	试件尺寸/mm
		(c) 抗弯强度极限			
受弯	棱柱体砖		$f_弯=\dfrac{3Fl}{2bh^2}$	水泥	$b=h=40$ $l=100$
	棱柱体		$f_弯=\dfrac{Fl}{bh^2}$	混凝土 木材	$20\times20\times300$, $l=240$

表 2-5　　　　　　　　　　常用材料的比强度

材料名称	表观密度/（kg/m³）	强度值/MPa	比强度
低碳钢	7800	235	0.030 1
松木	500	34	0.068 0
普通混凝土	2400	30	0.012 5
烧结普通砖	1700	10	0.005 9

2. 弹性和塑性

（1）弹性变形。材料在外力作用下产生变形，当外力取消后能够完全恢复原来形状、尺寸的性质，称为弹性。这种能够完全恢复的变形，称为弹性变形。材料在弹性范围内变形符合胡克定律，并用弹性模量 E 来反映材料抵抗变形的能力。E 值越大，材料受外力作用时越不易产生变形。

（2）塑性变形。材料在外力作用下产生不能自行恢复的变形且不破坏的性质，称为塑性。这种不能自行恢复的变形，称为塑性变形（或称不可恢复变形）。

实际上，只具有单纯的弹性或塑性的材料都是不存在的。各种材料在不同的应力下，表现出不同的变形性能。

3. 脆性和韧性

（1）脆性。材料在外力作用下直至断裂前，只发生弹性变形，不出现明显的塑性变形而突然破坏的性质，称为脆性。具有这种性质的材料，称为脆性材料，如石材、普通砖、混凝土、铸铁、玻璃及陶瓷等。脆性材料的抗压能力很强，其抗压强度比抗拉强度大得多，可达十几倍甚至更高。脆性材料抗冲击及动荷载能力差，故常用于承受静压力作用的建筑部位，如基础、墙体、柱子、墩座等。

（2）韧性。材料在冲击、振动荷载作用下，能承受很大的变形而不被破坏的性质称为韧性（或冲击韧性）。建筑钢材、木材、沥青混凝土等都属于韧性材料。用作路面、桥梁、吊车梁以及有抗震要求的结构都要考虑材料的韧性。材料的韧性用冲击试验来检验。

三、材料的耐久性

材料的使用环境中，在多种因素作用下能经久不变质、不破坏而保持原有性能的能力，称为耐久性。

1. 影响材料耐久性的因素

材料在环境中使用，除受荷载作用外，还会受周围环境的各种自然因素的影响，如物理、化学及生物等方面的作用。

（1）物理作用。包括干湿变化、温度变化、冻融循环、磨损等，这些作用都会使材料遭到一定程度的破坏，影响材料的长期使用。

（2）化学作用。包括受酸、碱、盐等类物质的水溶液及有害气体作用，发生化学反应及氧化作用、受紫外线照射等，使材料变质或受损。

（3）生物作用。是指昆虫、菌类等对材料的蛀蚀及腐朽作用。

实际上，影响材料耐久的原因有多方面因素，即耐久性是一种综合性质。它包括抗渗性、抗冻性、抗风化性、耐蚀性、抗老化性、耐热性、耐磨性等诸方面内容。

然而，不同种类的材料，其耐久性的内容各不相同。无机矿质材料（如石材、砖、混凝土等）暴露在大气中，受风吹、日晒、雨淋、霜雪等作用产生风化和冻融，主要表现为抗风化性和抗冻性，同时有害气体的侵蚀作用，也会对上述破坏起促进作用；金属材料（如钢材）主要受化学腐蚀作用；木材等有机材料常因生物作用而遭损；沥青、高分子材料在阳光、空气、热的作用下逐渐老化等。

处在不同建筑部位及工程所处环境不同，其材料的耐久性也具有不同的要求，如寒冷地区室外工程的材料应考虑其抗冻性；处于有水压力作用下的水工工程所用材料，应有抗渗性的要求；地面材料应有良好的耐磨性等。

2. 提高材料耐久性及判断

为了提高材料的耐久性，首先应努力提高材料本身及对外界作用的抵抗能力

（提高密实度，改变孔结构，选择恰当的组成原材料等）；其次，可用其他材料对主体材料加以保护（覆面、刷涂料等）；此外，还可设法减轻环境条件对材料的破坏作用（对材料处理或采取必要构造措施）。

对材料耐久性能的判断，应在使用条件下进行长期的观察和测定，但这需要很长时间。因此，通常是根据使用要求进行相应的快速试验，如干湿循环、冻融循环、碳化、化学介质浸渍等，并据此对耐久性作出评价。

四、材料试验基础知识

1. 抽样技术

（1）全数检查和抽样检查。检查批量生产的产品质量一般有两种方法：全数检查和抽样检查。全数检查是对全部产品逐个进行检查，以区分合格品和不合格品；检查的对象是每个产品单位，因此也称为全检或 100％ 检查，目的是剔除不合格品，进行返修或报废。抽样检查则是利用所抽取的样本对产品或过程进行的检查，其对象可以是静态的批或检查批（有一定的产品范围）或动态的过程（没有一定的产品范围），因此也简称为抽检。大多数情况是对批进行抽检，即从批中抽取规定数量的单位产品作为样品，对由样品构成的样本进行检查，再根据所得到的质量数据和预先规定的判定规则来判断该批是否合格，其一般程序如图2-2所示。

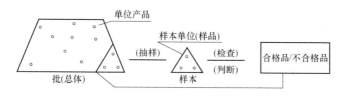

图 2-2　抽样程序

由图可见，抽样检查是为了对批做出判断并做出相应的处理，例如，在验收检查时，对判为合格的批予以接收，对判为不合格的批则拒收。由于合格批允许含有不超过规定限量的不合格品，因此在顾客或需方（即第二方）接收的合格批中，可能含有少量不合格品；而被拒收的不合格批，只是不合格品超过限量，其中大部分可能仍然是合格品。被拒收的批一般要退返给供方（即第一方），经100％检查并剔除其中的不合格品（报废、返修）或用合格品替换后再进行检查。

鉴于批内单位产品质量的波动性和样本抽取的偶然性，抽检的错判往往是不可避免的，即有可能把合格批错判为不合格批，也可能把不合格批错判为合格批。因此供方和顾客都要承担风险，这是抽样检查的一个缺点。

但是当检查带有破坏性时，显然不能进行全检；同时，当单位产品检查费用很高或批量很大时，以抽检代替全检就能获得显著的经济效益。这是因为抽检仅需从批中抽取少量产品，只要合理设计抽样方案，就可以将抽样检查固有的错判风险控制在可接受的范围内。而且在批量很大的情况下，如果全检的人员长时操作，就难免会感到疲劳，从而增加差错出现的机会。

对于不带破坏性的检查，且批量不大，或者批量产品十分重要，或者检查是在低成本、高效率（如全自动的在线检查）情况下进行时，当然可以采用全数检查的方法。

现代抽样检查方法建立在概率统计基础上，主要以假设检验为其理论依据。抽样检查所研究的问题包括三个方面：

1）如何从批中抽取样品，即采用什么样的抽样方式；

2）从批中抽取多少个单位产品，即抽取多大规模的样本；

3）如何根据样本的质量数据来判断批是否合格，即预先确定判定规则。

实际上，样本大小和判定规则即构成了抽样方案。因此，抽样检查可以归纳为：采用什么样的抽样方式才能保证抽样的代表性，如何设计抽样方案才是合理的。抽样方案的设计以简单随机抽样为前提，为适应于不同的使用目的，抽样方案的类型可以是多种多样的。至于样品的检查方法、检测数据的处理等，则不属于其研究的对象。

（2）抽样检查的基本概念。

1）单位产品、批和样本。为实施抽样检查的需要而划分的基本单位，称为单位产品，它们是构成总体的基本单位。为实施抽样检查而汇集起来的单位产品，称为检查批或批，它是抽样检查和判定的对象。一个批通常是由在基本稳定的生产条件下，在同一生产周期内生产出来的同形式、同等级、同尺寸以及同成分的单位产品构成的。即一个批应由基本相同的制造条件、一定时间内制造出来的同种单位产品构成。该批包含的单位产品数目，称为批量，通常用符号"＃"表示。从批中抽取用于检查的单位产品，称为样本单位，有时也称为样品。样本单位的全体，称为样本。样本中所包含的样本单位数目，称为样本大小或样本量，通常用符号 n 表示。

2）单位产品的质量及其特性。单位产品的质量是以其质量性质特性表示的，简单产品可能只有一项特性，大多数产品具有多项特性。质量特性可分为计量值和计数值两类，计数值又可分为计点值和计件值。计量值在数轴上是连续分布的，用连续的量值来表示产品的质量特性。当单位产品的质量特性是用某类缺陷的个数度量时，即称为计点的表示方法。某些质量特性不能定量地度量，而只能简单地分成合格和不合格，或者分成若干等级，这时就称为计件的表示方法。

在产品的技术标准或技术合同中，通常都要规定质量特性的判定标准。对于用计量值表示的质量特性，可以用明确的量值作为判定标准，如规定上限或下限，也可以同时规定上限、下限。对于用计点值表示的质量特性，也可以对缺陷数规定一个界限。至于缺陷本身的判定，除了靠经验外，也可以规定判定标准。

在产品质量检验中，通常先按技术标准对有关项目分别进行检查，然后对各项质量特性按标准分别进行判定，最后再对单位产品的质量作出判定。这里涉及"不合格"和"不合格品"两个概念：前者是对质量特性的判定，后者是对单位产品的判定。

单位产品的质量特性不符合规定，即为不合格。按质量特性表示单位产品质量的重要性，或者按质量特性不符合的严重程度，不合格可分为 A 类、B 类、C 类。A 类不合格最为严重，B 类不合格次之，C 类不合格最为轻微。

在判定质量特性的基础上，对单位产品的质量进行判定。只有全部质量特性符合规定的单位产品才是合格品，有一个或一个以上不合格特性的单位产品，即为不合格品。不合格品也可分为 A 类、B 类、C 类。A 类不合格品最为严重，B 类不合格品次之，C 类不合格品最为轻微。不合格品的类别是按单位产品中包含的不合格的类别来划分的。

确定单位产品是合格品还是不合格品的检查，称为"计件检查"。只计算不合格数，不必确定单位产品是否是合格品的检查，称为"计点检查"。两者统称为"计数检查"。用计量值表示的质量特性，在不符合规定时也判为不合格，因此也可用计数检查的方法。"计量检查"是对质量特性的计量值进行检查和统计，故对所涉及的质量特性应予分别检查和统计。

3）批的质量。抽样检查的目的是判定批的质量，而批的质量是根据其所含的单位产品的质量统计出来的。根据不同的统计方法，批的产量可以用不同的方式表示。

①对于计件检查，可以用每百单位产品不合格品数表示 P，即

$$P = \frac{D}{N} \times 100 \qquad (2-18)$$

式中　D——批中不合格品总数；

　　　N——批量。

在进行概率计算时，可用不合格品率 $P\%$ 或其小数形式表示，例如，不合格品率为 5% 或 0.05。对不同的试验组或不同类型的不合格品应予分别统计。由于不合格品是不能重复计算的，即一个单位产品只可能被一次判为不合格品，因此每百单位产品不合格品数必然不会大于 100。

②对于计点检查，可以用每百单位产品不合格数 P 表示，即

$$P = \frac{D}{N} \times 100 \tag{2-19}$$

式中　D——批中不合格品总数；

　　　N——批量。

在进行概率计算时，可用单位产品平均不合格率 $P\%$ 或其小数形式表示。对不同试验组或不同类型的不合格，应予分别统计。对于具有多项质量特性的产品来说，一个单位产品可能会有一个以上的不合格，即批中不合格总数有时会超过批量，因此每百单位产品不合格数有时会超过 100。

③对于计量检查，可以用批的平均值 μ 和标准（偏）差 σ 表示，即

$$\mu = \frac{\sum\limits_{i=1}^{N} x_i}{N} \tag{2-20}$$

$$\sigma = \sqrt{\frac{\sum\limits_{i=1}^{N} (x_i - \mu)^2}{N-1}} \tag{2-21}$$

式中　x——某一个质量特性的数值；

　　　x_i——第 i 个单位产品该质量特性的数值。

对每个质量特性值应予分别计算。

4）样本的质量。样本的质量是根据各样本单位的质量统计出来的，而样本单位是从批中抽取的用于检查的单位产品，因此表示和判定样本的质量的方法，与单位产品是相似的。

①对于计件检查，当样本大小 n 一定时，可用样本的不合格品数即样本中所含的不合格品数 d 表示。对不同类的不合格品应予分别计算。

②对于计点检查，当样本大小 n 一定时，可用样本的不合格数即样本中所含的不合格数 d 表示。对不同类的不合格应予分别计算。

③对于计量检查，则可以用样本的平均值 $\bar{x}$ 和标准（偏）差 s 表示，即

$$\bar{x} = \frac{\sum\limits_{i=1}^{N} x_i}{n} \qquad (2-22)$$

$$s = \sqrt{\frac{\sum\limits_{i=1}^{N} (x_i - \bar{x})^2}{n-1}} \qquad (2-23)$$

对每个质量特性值应予分别计算。

（3）抽样方法简介。从检查批中抽取样本的方法称为抽样方法。抽样方法的正确性是指抽样的代表性和随机性，代表性反映样本与批质量的接近程度，而随机性反映检查批中单位产品被抽样本纯属偶然，即由随机因素所决定。在对总体质量状况一无所知的情况下，显然不能以主观的限制条件去提高抽样的代表性，抽样应当是完全随机的，这时采用简单随机抽样最为合理。在对总体质量构成有所了解的情况下，可以采用分层随机或系统随机抽样来提高抽样的代表性。在采用简单随机抽样有困难的情况下，可以采用代表性和随机性较差的分段随机抽样或整群随机抽样。这些抽样方法除简单随机抽样外，都是带有主观限制条件的随机抽样法。通常只要不是有意识地抽取质量好或质量差的产品，尽量从批的各部分抽样，都可以近似地认为是随机抽样。

1）简单随机抽样。根据《随机数的产生及其在产品质量抽样检验中的应用程序》（GB/T 10111—2008）规定，简单随机抽样是指从总体中抽取几个抽样单元构成样本，使几个抽样单元所有的可能组合都有相等的被抽到概率。显然，采用简单随机抽样法时，批中的每一个单位产品被抽入样本的机会均等，它是完全不带主观限制条件的随机抽样法。操作时可将批内的每一个单位产品按 1 到 N 的顺序编号，根据获得的随机数抽取相应编号的单位产品，随机数可按国家标准（GB/T 10111—2008）用掷骰子的方法，或者扑克牌法、查随机数表等方法获得。

2）分层随机抽样。如果一个批是由质量具有明显差异的几个部分所组成，则可将其分为若干层，使层内的质量较为均匀，而层间的差异较为明显。从各层中按一定的比例随机抽样，即称为分层按比例抽样。在正确分层的前提下，分层抽样的代表性比简单随机抽样好；但是，如果对批质量的分布不了解或者分层不正确，则分层抽样的效果可能会适得其反。

3）系统随机抽样。如果一个批的产品可按一定的顺序排列，并可将其分为

数量相当的 n 个部分，此时，从每个部分按简单随机抽样方法确定的相同位置，各抽取一个单位产品构成一个样本，这种抽样方法即称为系统随机抽样。它的代表性在一般情况下比简单随机抽样要好些；但在产品质量波动周期与抽样间隔正好相当时，抽到的样本单位可能都是质量好的或都是质量差的产品，显然此时代表性较差。

4）分段随机抽样。如果先将一定数量的单位产品包装在一起，再将若干个包装单位（例如若干箱）组成批时，为了便于抽样，此时可采用分段随机抽样的方法：第一段抽样以箱作为基本单元，先随机抽出 k 箱；第二段再从抽到的 k 箱中分别抽取 m 个产品，集中在一起构成一个样本，k 与 m 的大小必须满足 $k \times m = n$。分段随机抽样的代表性和随机性，都比简单随机抽样要差些。

5）整群随机抽样。如果在分段随机抽样的第一段，将抽到的 k 组产品中的所有产品都作为样本单位，此时即称为整群随机抽样。实际上，它可以看作是分段随机抽样的特殊情况，显然这种抽样的随机性和代表性都是较差的。

2. 法定计量单位

（1）法定计量单位的构成。我国计量法明确规定，国家实行法定计量单位制度。法定计量单位是政府以法令的形式，明确规定要在全国范围内采用的计量单位。

计量法规定："国家采用国际单位制。国际单位制计量单位和国家选定的其他计量单位，为国家法定计量单位。"国际单位制是我国法定计量单位的主体，国际单位制如有变化，我国法定计量单位也将随之变化。

1）国际单位制计量单位。

①国际单位制的产生。1960 年第 11 届国际计量大会（CGPM）将一种科学实用的单位制命名为"国际单位制"，并用符号 SI 表示。经多次修订，现已形成了完整的体系。

SI 是在科技发展中产生的。由于结构合理、科学简明、方便实用，适用于众多科技领域和各行各业，可实现世界范围内计量单位的统一，因而受到国际上广泛承认和接受，成为科技、经济、文教、卫生等各界的共同语言。

②国际单位制的构成。国际单位制的构成如图 2-3 所示。

③SI 基本单位。SI 基本单位是 SI 的基础，其名称和符号见表 2-6。

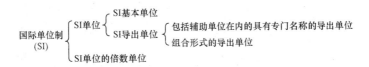

图 2-3 国际单位制构成示意图

表 2-6 国际单位制的基本单位

量的名称	单位名称	单位符号	量的名称	单位名称	单位符号
长度	米	m	热力学温度	开［尔文］	K
质量	千克（公斤）	kg	物质的量	摩［尔］	mol
时间	秒	s	发光强度	坎［德拉］	cd
电流	安［培］	A			

④SI 导出单位。为了读写和实际应用的方便，以及便于区分某些具有相同量纲和表达式的单位，在历史上出现了一些具有专门名称的导出单位。但是，这样的单位不宜过多，SI 仅选用了 19 个，其专门名称可以合法使用。没有选用的，如电能单位"度"（即千瓦时），光亮度单位"尼特"（即坎德拉每平方米）等名称，就不能再使用了。应注意在表 2-7 中，单位符号和其他表示式可以等同使用。例如：力的单位牛顿（N）和千克米每二次方秒（kg·m/s²）是完全等同的。

表 2-7 包括 SI 辅助单位在内的具有专门名称的 SI 导出单位

量的名称	SI 导出单位		
	名称	符号	用 SI 基本单位和 SI 导出单位表示
［平面］角	弧度	rad	$1rad=1m/m=1$
立体角	球面度	sr	$1sr=1m^2/m^2=1$
频率	赫［兹］	Hz	$1Hz=1s^{-1}$
力	牛［顿］	N	$1N=1kg \cdot m/s^2$
压力，压强，应力	帕［斯卡］	Pa	$1Pa=1N/m^2$
能［量］，功，热量	焦［耳］	J	$1J=1N \cdot m$
功率，辐［射能］通量	瓦［特］	W	$1W=1J/s$
电荷［量］	库［仑］	C	$1C=1A \cdot s$
电压，电动势，电位，（电势）	伏［特］	V	$1V=1W/A$
电容	法［拉］	F	$1F=1C/V$
电阻	欧［姆］	Ω	$1\Omega=1V/A$

续表

量的名称	SI 导出单位		
	名称	符号	用 SI 基本单位和 SI 导出单位表示
电导	西［门子］	S	$1S=1\Omega^{-1}$
磁通量	韦［伯］	Wb	$1Wb=1V\cdot s$
磁通［量］密度，磁感应强度	特［斯拉］	T	$1T=1Wb/m^2$
电感	亨［利］	H	$1H=1Wb/A$
摄氏温度	摄氏度	℃	$1℃=1K$
光通量	流［明］	lm	$1lm=1cd\cdot sr$
［光］照度	勒［克斯］	lx	$1lx=1lm/m^2$

⑤SI 单位的倍数单位。基本单位、具有专门名称的导出单位，以及直接由它们构成的组合形式的导出单位，都称之为 SI 单位，它们有主单位的含义。在实际使用时，量值的变化范围很宽，仅用 SI 单位来表示量值是很不方便的。为此，SI 中规定了 20 个构成十进倍数和分数单位的词头和所表示的因数。这些词头不能单独使用，也不能重叠使用，它们仅用于与 SI 单位（kg 除外）构成 SI 单位的十进倍数单位和十进分数单位。需要注意的是：相应于因数 10^3（含 10^3）以下的词头符号必须用小写正体，等于或大于因素 10^6 的词头符号必须用大写正体，从 10^3 到 10^{-3} 是十进位，其余是千进位。详见表 2-8。

表 2-8　　　　　　　　　　用于构成十进倍数和分数单位的词头

所表示的因数	词头名称	词头符号	所表示的因数	词头名称	词头符号
10^{18}	艾（可萨）	E	10^{-1}	分	d
10^{15}	拍（它）	P	10^{-2}	厘	c
10^{12}	太（拉）	T	10^{-3}	毫	m
10^{9}	吉（咖）	G	10^{-6}	微	u
10^{6}	兆	M	10^{-9}	纳（诺）	n
10^{3}	千	k	10^{-12}	皮（可）	p
10^{2}	百	h	10^{-15}	飞（母托）	f
10^{1}	十	da	10^{-18}	阿（托）	a

S1 单位加上 SI 词头后两者结合为一整体，就不再称为 SI 单位，而称为 SI 单位的倍数单位，或者叫 SI 单位的十进倍数或分数单位。

2）国家选定的其他计量单位。尽管 SI 有很大的优越性，但并非十全十美。

在日常生活和一些特殊领域，还有一些广泛使用、重要的非 SI 单位不能废除，需继续使用。因此，我国选定了若干非 SI 单位与 SI 单位一起，作为国家的法定计量单位，它们具有同等的地位。详见表 2-9。

表 2-9 国家选定的非国标单位制单位

量的名称	单位名称	单位符号	换算关系和说明
时间	分	min	$1min=60s$
	[小]时	h	$1h=60min=3600s$
	天（日）	d	$1d=24h=86\ 400s$
平面角	[角]秒	″	$1″=(\pi/64\ 800)rad$
	[角]分	′	$1′=60″=(\pi/10\ 800)rad$
	度	°	$1°=60′=(\pi/180)rad$
旋转速度	转每分	r/min	$1r/min=(1/60)s^{-1}$
长度	海里	n mile	$1n\ mile=1852m$（只用于航程）
速度	节	kn	$1kn=1n\ mile/h=(1852/3600)m/s$（只用于航行）
质量	吨	t	$1t=10^3kg$
	原子质量单位	u	$1u\quad 1.660\ 540\times10^{-27}kg$
体积	升	L,（l）	$1L=1dm^3=10^{-3}m^3$
能	电子伏	eV	$1eV\quad 1.602\ 177\times10^{-19}J$
级差	分贝	dB	
线密度	特[克斯]	tex	$1tex=10^{-6}kg/m$
面积	公顷	hm²	$1hm^2=10^4m^2$

注：1. 周、月、年（a）为一般常用时间单位。

2. [ ] 内的字是在不致混淆的情况下，可以省略的字。

3. （) 内的字为前者的同义语。

4. 角度单位度、分、秒的符号不处于数字后时，应加括号。

5. 升的符号中，小写字母 l 为备用符号。

6. r 为"转"的符号。

7. 人民生活和贸易中，质量习惯称为重量。

8. 公里为千米的俗称，符号为 km。

9. 10^4 称为万，10^8 称为亿，10^{12} 称为万亿，这类数词使用不受词头名称影响，但不应与词头混淆。

我国选定的非 SI 单位包括 10 个由 CGPM 确定的允许与 SI 并用的单位，3 个暂时保留与 SI 并用的单位（海里、节、公顷）。此外，根据我国的实际需要，还选取了"转每分""分贝"和"特克斯"3个单位，一共16个SI基本单位，作为国家法定计量单位的组成部分。

（2）法定计量单位的使用规则。

1）法定计量单位名称。

①计量单位的名称。一般是指它的中文名称，用于叙述性文字和口述中，不得用于公式、数据表、图、刻度盘等处。

②组合单位的名称与其符号表示的顺序一致，遇到除号时，读为"每"字，且"每"只能出现1次。例如，$\dfrac{J}{mol \cdot K}$ 或 J/（mol·K）的名称应为"焦耳每摩尔开尔文"。书写时也应如此，不能加任何图形和符号，不要与单位的中文符号相混。

③乘方形式的单位名称举例。m^4 的名称应为"四次方米"而不是"米四次方"。用长度单位米的二次方或三次方表示面积或体积时，其单位名称应为"平方米"或"立方米"，否则仍应为"二次方米"或"三次方米"。

$℃^{-1}$ 的名称为"每摄氏度"，而不是"负一次方摄氏度"。

s^{-1} 的名称应为"每秒"。

2）法定计量单位符号。

①计量单位的符号分为单位符号（即国际通用符号）和单位的中文符号（即单位名称的简称），后者便于在知识水平不高的场合下使用，一般推荐使用单位符号。十进制单位符号应置于数据之后。单位符号按其名称或简称读，不得按字母读音。

②单位符号一般用正体小写字母书写，但是以人名命名的单位符号，第一个字母必须正体大写。单位符号后，不得附加任何标记，也没有复数形式。

组合单位符合书写方式的举例及其说明，见表2-10。

3）词头使用方法。

①词头的名称紧接单位的名称，作为一个整体，其间不得插入其他词。例如：面积单位 km^2 的名称和含义是"平方千米"，而不是"千平方米"。

②仅通过相乘构成的组合单位在加词头时，词头应加在第一个单位之前。例如：力矩单位 kN·m，不宜写成 N·km。

③摄氏度和非十进制法定计量单位，不得用SI词头构成倍数和分数单位。它们参与构成组合单位时，不应放在最前面。例如：光量单位 1m·h，不应写为 h·1m。

表 2 - 10　　　　　　　　　　　组合单位符号书写方式举例

单位名称	符号的正确书写方式	错误或不适当的书写形式
牛顿米	N·m，Nm 牛·米	N—m，mN 牛米，牛—米
米每秒	m/s，m·s^{-1}，$\dfrac{m}{s}$ 米·秒$^{-1}$，米/秒，$\dfrac{米}{秒}$	ms^{-1} 秒米，米秒$^{-1}$
瓦每开 尔文米	W/(K·m)， 瓦/(开·米)	W/（开·米） W/K/m，W/K·m
每米	m^{-1}，米$^{-1}$	1/m，1/米

注：1. 分子为 1 的组合单位的符号，一般不用分子式，而用负数幂的形式。

2. 单位符号中，用斜线表示相除时，分子、分母的符号与斜线处于同一行内。分母中包含两个以上单位符号时，整个分母应加圆括号，斜线不得多于 1 条。

3. 单位符号与中文符号不得混合使用。但是非物理量单位（如台、件、人等），可用汉字与符号构成组合形式单位；摄氏度的符号℃可作为中文符号使用，如 J/℃可写为焦/℃。

④组合单位的符号中，某单位符号同时又是词头符号，则应尽量将它置于单位符号的右侧。例如：力矩单位 N·m，不能写成 m·N。温度单位 K 和时间单位 s 和 h，一般也在右侧。

⑤词头 h、da、d、c（即百、十、分、厘）一般只用于某些长度、面积、体积和早已习用的场合，例如，m、dB 等。

⑥一般不在组合单位的分子分母中同时使用词头。例如，电场强度单位可用 MV/m，不宜用 kV/mm。词头加在分子的第一个单位符号前，例如：热容单位 J/K 的倍数单位 kJ/K，不应写为 J/mK。同一单位中，一般不使用两个以上的词头，但分母中长度、面积和体积单位可以有词头，k 也作为例外。

⑦选用词头时，一般应使量的数值处于 0.1～1000。例如：1401Pa 可写成 1.401kPa。

⑧万（10^4）和亿（10^8）可放在单位符号之前作为数值使用，但不是词头。十、百、千、十万、百万、千万、十亿、百亿、千亿等中文词语，不得放在单位符号前作数值用。例如："3 千秒$^{-1}$"应读作"三每千秒"，而不是"三千每秒"；对"三千每秒"，只能表示为"3000 秒$^{-1}$"。读音"一百瓦"，应写作"100 瓦"或"100W"。

⑨计算时，为了方便，建议所有量均用 SI 单位表示，词头用 10 的幂代替。这样，所得结果的单位仍为 SI 单位。

3. 试验数值统计与修约

单一的测量结果由于材质的不均匀性或测量误差的存在，很多时候不能最佳地反映材料的实际性能。这时，就必须通过增加受检对象的数量或增加测量的次数来保证测量结果的可靠性。有了充足的测量数据，我们就可以利用最基本的统计知识，来分析、判断受检材料的状况。

（1）总体、个体与样本的概念。总体是指某一次统计分析工作中，所要研究对象的全体，而个体则为所要研究的全体对象中的一个单位。例如，我们要了解预制构件厂某天 C20 级混凝土抗压强度情况，那么该厂这天生产的 C20 级混凝土的所有抗压强度便构成我们研究的全部对象，也就是构成我们要研究的总体；而这天生产的每一组试件强度，则为我们研究的一个个体。可是，如果我们要研究该厂某个月中每天所生产混凝土的平均抗压强度逐日变化情况，那么该厂一个月即 30 天中所生产混凝土的抗压强度，便成为我们研究的全部对象，即构成我们研究的总体，而某天所生产混凝土的平均抗压强度，则为我们研究的一个个体。

从上述例子可以看出，什么是总体、什么是个体，并不是一成不变的，而是根据每一次研究的任务而定。

总体的性质由该总体中所有个体的性质而定，所以要了解总体的性质，就必须测定各个个体的性质。很容易理解，要对一个总体的性质了解得很清楚，必须把总体之中每一个个体的性质都加以测定。但是我们知道，在工业技术上常遇到两种主要困难：第一，总体中个体数目繁多，甚至近似无限多，事实上不可能把总体中全部个体都加以测定，如机器零件制造厂每天加工的螺钉；第二，总体中的个体数目并不很多，但对个体的某种性质的测定是具有破坏性的测定。例如，一台轧钢机每天轧制的工字钢，为数并不多。但要了解每天轧制的工字钢的屈服强度时，却不能将每一根钢材都加以测定，因为一经测定，这根钢材就失去了使用价值。

鉴于上述原因，在工业统计研究中，常抽取总体中的一部分个体，通过对这部分个体的测定结果，来推测总体的性质。被抽取出来的个体的集合体，称为样本（子样）。样本中包含个体的数量，一般称样本容量。而在实践中，用样本的统计性质去推断总体的统计性质，这一过程称为推断。

（2）平均值。

1）算术平均值。这是最常用的一种方法，用来了解一批数据的平均水平，度量这些数据的中间位置。

$$\overline{X} = \frac{X_1 + X_2 + \cdots + X_n}{n} = \frac{\sum X}{n} \qquad (2-24)$$

式中　　　　　　　$\overline{X}$——算术平均值；

X_1，X_2，…，X_n——各个试验数据值；

$\sum X$——各试验数据值的总和；

n——试验数据个数。

2) 均方根平均值。均方根平均值对数据大小跳动反映较为灵敏，计算公式如下：

$$S = \sqrt{\frac{X_1^2 + X_2^2 + \cdots + X_n^2}{n}} = \sqrt{\frac{\sum X^2}{n}} \qquad (2-25)$$

式中　　　　　　　S——各试验数据的均方根平均值；

X_1，X_2，…，X_n——各个试验数据值；

$\sum X^2$——各试验数据值平方的总和；

n——试验数据个数。

3) 加权平均值。加权平均值是各个试验数据和它的对应数的算术平均值，如计算水泥平均强度采用加权平均值。计算公式如下：

$$m = \frac{X_1 g_1 + X_2 g_2 + \cdots + X_n g_n}{g_1 + g_2 + \cdots + g_n} = \frac{\sum Xg}{\sum g} \qquad (2-26)$$

式中　　　　　　　m——加权平均值；

X_1，X_2，…，X_n——各试验数据值；

g_1，g_2，…，g_n——试验数据的对应数；

$\sum Xg$——各试验数据值和它的对应数乘积的总和；

$\sum g$——各对应数的总和。

（3）误差计算。

1) 范围误差。范围误差也叫极差，是试验值中最大值和最小值之差。例如，3 块砂浆试件抗压强度分别为 5.21MPa、5.63MPa、5.72MPa。则这组试件的极差或范围误差为

$$5.72 - 5.21 = 0.51 \ (\text{MPa})$$

2) 算术平均误差。算术平均误差的计算公式为

$$\delta = \frac{|X_1 - \overline{X}| + |X_2 - \overline{X}| + \cdots + |X_n - \overline{X}|}{n}$$

43

$$= \frac{\sum |X - \overline{X}|}{n} \tag{2-27}$$

式中 δ——算术平均误差；

X_1，X_2，X_3，…，X_n——各试验数据值；

$\overline{X}$——试验数据的算术平均值；

n——试验数据个数。

3）标准差（均方根差）。只知道试件的平均水平是不够的，要了解数据的波动情况及其带来的危险性，标准差（均方根差）是衡量波动性（离散性大小）的指标。标准差的计算公式为

$$S = \sqrt{\frac{(X_1 - \overline{X})^2 + (X_2 - \overline{X})^2 + \cdots + (X_n - \overline{X})^2}{n-1}}$$

$$= \sqrt{\frac{\sum (X - \overline{X})^2}{n-1}} \tag{2-28}$$

式中 S——标准差（均方根差）；

X_1，X_2，X_3，…，X_n——各试验数据值；

X——试验数据值的算术平均值；

n——试验数据个数。

4）极差估计法。极差是表示数据离散的范围，也可用来度量数据的离散性。极差是数据中最大值和最小值之差：

$$W = X_{\max} - X_{\min} \tag{2-29}$$

当一批数据不多时（$n \leqslant 10$），可用极差法估计总体标准离差：

$$\hat{\sigma} = \frac{1}{d_n} W \tag{2-30}$$

当一批数据很多时（$n > 10$），要将数据随机分成若干个数量相等的组，对每组求极差，并计算平均值：

$$\overline{W} = \frac{\sum\limits_{i=1}^{m} W_i}{m} \tag{2-31}$$

则标准差的估计值近似地用下式计算：

$$\hat{\sigma} = \frac{1}{d_n} W \tag{2-32}$$

式中 d_n——与 n 有关的系数（见表 2-11）；

m——数据分组的组数；

n——每一组内数据拥有的个数；

$\hat{\sigma}$——标准差的估计值；

W、$\overline{W}$——分别为极差、各组极差的平均值。

表 2-11　　　　　　　　　　极差估计法 d_n 系数表

n	1	2	3	4	5	6	7	8	9	10
d_n	—	1.128	1.693	2.059	2.326	2.534	2.704	2.847	2.970	3.078
$1/d_n$	—	0.886	0.591	0.486	0.429	0.395	0.369	0.351	0.337	0.325

极差估计法主要出于计算方便，但反映实际情况的精确度较差。

（4）变异系数。标准差是表示绝对波动大小的指标，当测量较大的量值，绝对误差一般较大；测量较小的量值，绝对误差一般较小。因此，要考虑相对波动的大小，即用平均值的百分率来表示标准差，即变异系数。计算式为

$$C_v = \frac{S}{\overline{X}} \times 100\% \tag{2-33}$$

式中　C_v——变异系数（%）；

　　　S——标准差；

　　　$\overline{X}$——试验数据的算术平均值。

变异系数可以看出标准偏差不能表示出数据的波动情况。如：甲、乙两厂均生产 32.5 级矿渣水泥，甲厂某月生产的水泥抗压强度平均值为 39.84MPa，标准差为 1.68MPa；同月，乙厂生产的水泥 28d 抗压强度平均值为 36.2MPa，标准差为 1.62MPa，求两厂的变异系数。

甲厂 $C_v = \dfrac{1.68}{39.8} \times 100\% = 4.22\%$

乙厂 $C_v = \dfrac{1.62}{36.2} \times 100\% = 4.48\%$

从标准差看，甲厂大于乙厂。但从变异系数看，甲厂小于乙厂，说明乙厂生产的水泥强度相对跳动要比甲厂大，产品的稳定性较差。

（5）可疑数据的取舍。在一组条件完全相同的重复试验中，当发现有某个过大或过小的可疑数据时，应按数理统计方法给以鉴别并决定取舍。常用方法有三倍标准差法和格拉布斯方法。

1）三倍标准差法。这是美国混凝土标准（ACT 214—1965）的修改建议中所采用的方法。它的准则是 $X_i - \overline{X} > 3\sigma$ 时，不舍弃。另外，还规定 $X_i - \overline{X} > 2\sigma$

时则保留，但需存疑；如发现试件制作、养护、试验过程中有可疑的变异时，该试件强度值应予舍弃。

2）格拉布斯方法。

①把试验所得数据从小到大排列：X_1，X_2，X_i，…，X_n。

②选定显著性水平 α（一般 $\alpha=0.05$），根据 n 及 α 从 $T(n, \alpha)$（见表 2-12）中求得 T 值。

③计算统计量 T 值。

当 X_1 为可疑时，则

$$T = \overline{X} - \frac{X_1}{S} \qquad (2-34)$$

当最大值 X_n 为可疑时，则

$$T = X_n - \frac{\overline{X}}{S} \qquad (2-35)$$

式中 $\overline{X}$——试件平均值，$\overline{X} = \frac{1}{n}\sum_{i=1}^{n} X_i$；

　　　X_i——测定值；

　　　n——试件个数；

　　　S——试件标准差，$S = \sqrt{\dfrac{1}{n-1}\sum_{i=1}^{n}(X_i - \overline{X})^2}$。

④查表 1-12 中相应于 n 与 α 的 $T(n, \alpha)$ 值。

表 2-12　　　　　　　　　　　$T(n、\alpha)$ 值

$\alpha/\%$	当 n 为下列数值时的 T 值							
	3	4	5	6	7	8	9	10
5.0	1.15	1.46	1.67	1.82	1.94	2.03	2.11	2.18
2.5	1.15	1.48	1.71	1.89	2.02	2.13	2.21	2.29
1.0	1.15	1.49	1.75	1.94	2.10	2.22	2.32	2.41

⑤当计算的统计量 $T \geqslant T(n, \alpha)$ 时，则假设的可疑数据是对的，应予舍弃。当 $T < T(n, \alpha)$ 时，则不能舍弃。

这样判决犯错误的概率为 $\alpha = 0.05$。相应于 n 及 $\alpha = 1\% \sim 5.0\%$ 的 $T(n, \alpha)$ 值列于表 1-12。

以上两种方法中，三倍标准差法最简单，但要求较松，几乎绝大部分数据可不舍弃。格拉布斯方法适用于标准差不能掌握时的情况。

（6）数字修约规则。《标准化工作导则 第 1 部分：标准的结构和编写》（GB/T 1.1—2009）中对数字修约规则作了具体规定。在制订、修订标准中，各种测量值、计算值需要修约时，应按下列规则进行。

1）在拟舍弃的数字中，保留数后边（右边）第一个数小于 5（不包括 5）时，则舍去。保留数的末位数字不变。

例如，将 14.243 2 修约后为 14.2。

2）在拟舍弃的数字中，保留数后边（右边）第一个数字大于 5（不包括 5）时，则进一。保留数的末位数字加一。

例如，将 26.484 3 修约到保留一位小数为 26.5。

3）在拟舍弃的数字中保留数后边（右边）第一个数字等于 5，5 后边的数字并非全部为零时，则进一，即保留数末位数字加一。

例如，将 1.050 1 修约到保留一位小数为 1.1。

4）在拟舍弃的数字中，保留数后边（右边）第一个数字等于 5，5 后边的数字全部为零时，保留数的末位数字为奇数时，则进一；若保留数的末位数字为偶数（包括"0"），则不进。

例如，将下列数字修约到保留一位小数。修约前为 0.350 0，修约后为 0.4；修约前为 0.450 0，修约后为 0.4；修约前为 1.050 0，修约后为 1.0。

5）所拟舍弃的数字，若为两位以上的数字，不得连续进行多次（包括二次）修约。应根据保留数后边（右边）第一个数字的大小，按上述规定一次修约出结果。

例如：将 15.454 6 修约成整数。

正确的修约是：修约前为 15.454 6，修约后为 15。

不正确的修约是：修约前、一次修约、二次修约、三次修约、四次修约结果分别是：15.454 6、15.455、15.46、15.5、16。

第三章

常用检测试验试样（件）制作要求

一、普通混凝土试件制作

1. 取样

（1）同一组混凝土拌合物的取样应从同一车混凝土中取样。取样量应多于试验所需量的 1.5 倍且不少于 20L。

（2）混凝土拌合物的取样应具有代表性，宜采用多次采样的方法。一般在同一盘混凝土或同一车混凝土中的约 1/4 处、1/2 处和 3/4 处之间分别取样，从第一次取样到最后一次取样不宜超过 15min，然后人工搅拌均匀。

（3）从取样完毕到开始做各项性能试验不宜超过 5min。

2. 混凝土试件制作对试模要求

（1）试件的尺寸、形状和公差。混凝土试件的尺寸应根据混凝土骨料的最大粒径按表 3-1 选用。

表 3-1　　　　　　　　混凝土试件尺寸选用表　　　　　（单位：mm）

试件横截面尺寸	骨料最大粒径	
	劈裂抗拉强度试验	其他试验
100×100	20	31.5
150×150	40	40
200×200	—	63

（2）试件的形状。抗压强度、劈裂抗压强度、轴心抗压强度、静力受压弹性模量、抗折强度试件应符合表 3-2 要求。

表 3 - 2 试 件 的 形 状 （单位：mm）

试验项目	试件形状	试件尺寸	试件类型
抗压强度、劈裂抗压强度试件	立方体	150×150×150	标准试件
		100×100×100	非标准试件
		200×200×200	
	圆柱体	φ150×300	标准试件
		φ100×200	非标准试件
		φ200×400	
轴心抗压强度、静力受压弹性模量试件	棱柱体	150×150×300	标准试件
		100×100×300	非标准试件
		200×200×400	
	圆柱体	φ150×300	标准试件
		φ100×200	非标准试件
		φ200×400	
抗折强度试件	棱柱体	150×150×600（或 550）	标准试件
		100×100×400	标准试件

（3）抗折强度试件。抗折强度试件应符合表 3 - 3 要求。

表 3 - 3 抗折强度试件尺寸 （单位：mm）

试件形状	试件尺寸	试件类型
棱柱体	150×150×600（或 550）	标准试件
	100×100×400	非标准试件

（4）试件尺寸公差。

1）试件的承压面的平面公差不得超过 0.000 5d（d 为边长）。

2）试件的相邻面间的夹角应为 90°，其公差不得超过 0.5°。

3）试件各边长、直径和高的尺寸的公差不得超过 1mm。

3. 混凝土试件的制作、养护

（1）混凝土试件制作的要求。

1）成形前，检查试模尺寸应符合标准中的有关规定；试模内表面应涂一层矿物油，或其他不与混凝土发生反应的隔离剂。

2）取样后应在尽量短的时间内成形，一般不超过15min。

3）根据混凝土拌合物的稠度确定混凝土的成形方法，坍落度不大于70mm的混凝土宜用振动台振实；大于70mm的宜用捣棒人工捣实。

（2）混凝土试件制作。取样或拌制好的混凝土拌合物应至少用铁锹再来回拌和3次。

1）用振动台振实制作试件的方法。

①将混凝土拌和物一次装入试模，装料时应用抹刀沿各试模壁插捣，并使混凝土拌合物高出试模口。

②试模应附着或固定在振动台上，振动时试模不得有任何跳动，振动应持续到表面出浆为止；不得振动过度。

2）用人工插捣制作试件的方法。

①混凝土拌和物应分两层装入模内，每层的装料厚度大致相等。

②插捣应按螺旋方向从边缘向中心均匀进行。在插捣底层混凝土时，捣棒应达到试模底部；插捣上层时捣棒应贯穿上层后插入下层20～30mm；插捣时捣棒应保持垂直，不得倾斜。然后应用抹刀沿试模内壁插捣数次。

③每层插捣次数标准按在10 000mm^{2}截面内不得少于12次。

④插捣后应用橡皮锤轻轻敲击试模4周，直到插捣棒留下的空洞消失为止。

3）用插入式振捣棒振实制作试件的方法。

①将混凝土拌和物一次装入试模，装料时应用抹刀沿各试模壁插捣，并使混凝土拌和物高出试模口。

②宜用直径为25mm的插入式振捣棒。插入试模振动时，振捣棒距试模底板10～20mm且不得触及试模底板，振动应持续到表面出浆为止，且应避免振动过度，以防止混凝土离析；一般振捣时间为20s，振捣棒拔出时要缓慢，拔出后不得留有孔洞。

（3）刮除试模上口多余的混凝土，待混凝土临近初凝时，用抹刀抹平。

（4）混凝土试件的养护。

1）试件成形后应立即用不透水的薄膜覆盖表面。

①采用标准养护的试件，应在温度为20℃±5℃的环境中静置1昼夜至2昼夜，然后编号、拆模。拆模后应立即放入温度为20℃±2℃，相对湿度为95％以上的标准养护室中养护，也可在温度为20℃±2℃的不流动的Ca(OH)$_2$饱和溶液中或水中养护。标准养护室内的试件应放在支架上，彼此间隔10～20mm，试件表面应保持潮湿，并不得被水直接冲淋。

②同条件养护试件的拆模时间可与实际构件的拆模时间相同，拆模后，试件仍需保持同条件养护。

2）标准养护龄期为 28d（从搅拌加水开始计算）。

二、防水（抗渗）混凝土试件制作

1. 取样

同普通混凝土取样。

2. 稠度试验方法

同普通混凝土试验方法。

3. 试件制作、养护及留置

（1）防水（抗渗）混凝土试件制作及养护。

1）试件的成形方法按混凝土的稠度确定，坍落度不大于 70mm 的混凝土，宜用振动台振实，大于 70mm 的宜用捣棒捣实。

2）制作试件用的试模应由铸铁或钢制成，应具有足够的刚度且拆装方便。采用顶面直径为 175mm，底面直径为 185mm，高度为 150mm 的圆台体或直径与高度均为 150mm 的圆柱体试模（视抗渗设备要求而定），试模的内表面应机械加工，其尺寸公差与混凝土试模的尺寸公差一致。每组抗渗试件以 6 个为 1 组。

3）试件成形方法与普通混凝土成形方法相同，但试件成形后 24h 拆模，用钢丝刷刷去两端面水泥浆膜，然后送标准养护室养护。

4）试件的养护温度、湿度与普通混凝土养护条件相同，试件一般养护至 28d 龄期进行试验，如有特殊要求，可按要求选择养护龄期。

（2）试件留置要求。

1）防水（抗渗）混凝土试件应在浇筑地点随机取样，同一工程、同一配合比的抗渗混凝土取样不应少于 1 次，留置组数可根据实际需要确定。

2）连续浇筑抗渗混凝土每 500m³ 应留置 1 组试件，且每项工程不得少于 2 组。采用预拌混凝土的抗渗试件，留置组数应视结构的规模和要求而定。

三、砂浆试件制作

1. 取样

（1）砂浆可从同一盘搅拌机或同一车运送的砂浆中取出，施工中取样进行砂浆试验时，应在使用地点的浆槽、砂浆运送车或搅拌机出料口，至少从三个不同部位集取。所取试样的数量应多于试验用量的 4 倍。

（2）砂浆拌合物取样后，在试验前应经人工再翻拌，以保证其质量均匀。并尽快进行试验。

2. 砂浆试件的制作、养护

（1）试模尺寸、捣棒直径及要求。

1）砂浆试模尺寸为 70.7mm×70.7mm×70.7mm，应具有足够的刚度并拆模方便。试模的内表面其不平度为每 100mm 不超过 0.05mm，组装后，各相邻面的不垂直度不应超过±0.5°。

2）捣棒为直径 10mm，长度 350mm 的钢棒，端部应磨圆。

（2）砂浆试件制作（每组试件 3 块）。

1）使用有底试模并用黄油等密封材料涂抹试模的外接缝，试模内涂刷薄层机油或隔离剂，将拌制好的砂浆一次注满砂浆试模。成形方法根据稠度而定。当稠度≥50mm 时采用人工振捣。用捣棒均匀地由边缘向中心按螺旋方式插捣 25次，插捣过程中如砂浆沉落低于试模口，应随时添加砂浆，可用手将试模一边抬高 5～10mm 各振动 5 次，使砂浆高出试模顶面 6～8mm。当稠度小于 50mm 时采用振动台振实成形。将拌制好的砂浆一次注满砂浆试模放置到振动台上，振动时试模不得跳动，振动 5～10s 或持续到表面出浆为止，不得过振。

2）待表面水分稍干后，将高出试模部分的砂浆沿试模顶面刮去抹平。

3）试件制作成形后应在 20℃±5℃温度环境下静置 24h±2h，当气温较低时，可适当延长时间但不应超过两昼夜。然后对砂浆试件进行编号并拆模，试件拆模后，应在标准养护条件下，养护至 28d，然后进行强度试验。

（3）砂浆试件的养护。

1）砂浆试件应在温度为 20℃±2℃，相对湿度为 90％以上进行养护。

2）养护期间，试件彼此间隔不少于 10mm。

四、钢筋焊接试件制备

1. 一般要求

在工程开工正式焊接之前，参与该项施焊的焊工应进行现场条件下的焊接工艺试验，并经试验合格后，方可正式生产。试验结果应符合质量检验与验收时的要求。

2. 试件制备尺寸

试件制备尺寸详见表3-4。

表3-4　　　　　　　　　　　　　　　试件制备尺寸

焊接方法			接头形式	接头搭接 长度 L_t	拉伸试件 长度 L_c	冷弯件 长度 L_c
电阻点焊					$\geq 10d_0 + 2T$ T——试验机夹持长度 （或取200mm）	
闪光对焊					$\geq 10d_0 + 2T$ T——试验机夹持长度 （或取200mm）	
电弧焊	帮条焊	双面焊		$(4\sim5)\,d_0$	$\geq 10d_0 + 2T$ T——试验机夹持长度 （或取200mm）	
		单面焊		$(8\sim10)\,d_0$	$\geq 10d_0 + 2T$ T——试验机夹持长度 （或取200mm）	
	搭接焊	双面焊		$(4\sim5)\,d_0$	$\geq 10d_0 + 2T$ T——试验机夹持长度 （或取200mm）	
		单面焊		$(8\sim10)\,d_0$	$\geq 10d_0 + 2T$ T——试验机夹持长度 （或取200mm）	
钢筋与钢板搭接焊				$(4\sim5)\,d_0$	$\geq 10d_0 + 2T$ T——试验机夹持长度 （或取200mm）	

续表

焊接方法			接头形式	接头搭接长度 L_t	拉伸试件长度 L_c	冷弯件长度 L_c
电弧焊	坡口焊	平焊			$\geqslant 10d_0+2T$ T——试验机夹持长度 （或取 200mm）	
		立焊			$\geqslant 10d_0+2T$ T——试验机夹持长度 （或取 200mm）	
预埋件电弧焊		角焊			$\geqslant 2.5d_0+200$	
		穿孔塞焊			$\geqslant 2.5d_0+200$	
		窄间隙焊			$\geqslant 10d_0+2T$ T——试验机夹持长度 （或取 200mm）	
预埋件钢筋埋弧压力焊					$\geqslant 2.5d_0+200$	

54

焊接方法	接头形式	接头搭接长度 L_t	拉伸试件长度 L_c	冷弯件长度 L_c
电渣压力焊			$\geqslant 10d_0 + 2T$ T——试验机夹持长度 （或取 200mm）	$\geqslant 5d + 200$
气压焊			$\geqslant 10d_0 + 2T$ T——试验机夹持长度 （或取 200mm）	$\geqslant 5d + 200$
熔槽帮条焊			$\geqslant 10d_0 + 2T$ T——试验机夹持长度 （或取 200mm）	

五、钢筋机械连接试件制备

1. 一般要求

（1）工程中用钢筋机械连接接头时，应由技术提供单位提交有效的型式检验报告。

（2）钢筋连接工程开始前及施工过程中，应对每批进场钢筋进行接头工艺检验，工艺检验应符合下列要求：

1）每种规格钢筋的接头试件不应少于3根；

2）3根接头试件的抗拉强度均应符合表3-5接头的抗拉强度规定。

表 3-5　　　　　　　　　　接头的抗拉强度

接头等级	Ⅰ级	Ⅱ级	Ⅲ级
抗拉强度	$f^0_{mst} \geq f^0_{stk}$断于钢筋 或 $f^0_{mst} \geq 1.1 f^0_{stk}$断于接头	$f^0_{mst} \geq f^0_{stk}$	$f^0_{mst} \geq 1.25 f_{yk}$

注：　f^0_{mst}——接头试件实际拉断强度；

　　　f^0_{stk}——接头试件中钢筋抗拉强度标准值；

　　　f_{yk}——钢筋屈服强度标准值。

2. 钢筋机械连接试件制备

钢筋机械连接试件制备尺寸如图 3-1 所示。

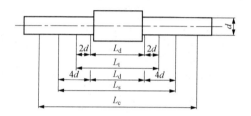

图 3-1　钢筋机械连接试件

L_d—机械接头长度；L_t—非弹性变形、残余变形测量标距；

L_s—总伸长率测量标距；$L_c \geq L_s + 2T$；L_c—钢筋机械连接拉伸试件的取样长度；

$L_t = L_d + 4d$；$L_s = L_t + 8d$；T—试验机夹持长度（或取 200mm）

六、钢筋焊接骨架和焊接网试件制备

（1）力学性能检验的试件，应从每批成品中切取，切取过试件的制品，应补焊同牌号、同直径的钢筋，其每边的搭接长度不应小于 2 个孔格的长度；当焊接骨架所切取试件的尺寸小于规定的试件尺寸，或受力钢筋直径大于 8mm 时，可在生产过程中制作模拟焊接试验网片，如图 3-2(a) 所示，从中切取试件。

（2）由几种直径钢筋组合的焊接骨架或焊接网，应对每种组合的焊点做力学性能检验。

（3）热轧钢筋的焊点应做剪切试验，试件应为 3 个；冷轧带肋钢筋焊点除做剪切试验外，尚应对纵向和横向冷轧带肋钢筋做拉伸试验，试件应各为 1 件。剪切试件纵筋长度应大于或等于 290mm，横筋长度应大于或等于 50mm，如图 3-2(b) 所示；拉伸试件纵筋长度应大于或等于 300mm，如图 3-2(c) 所示。

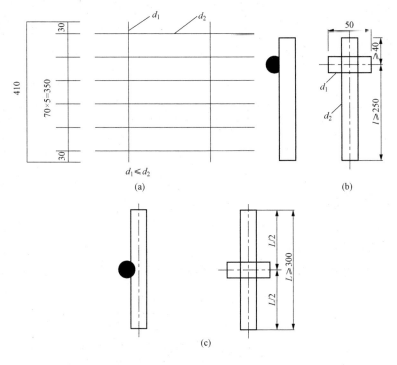

图 3-2 钢筋焊接骨架和焊接网试件

（a）模拟焊接试验网片简图；（b）钢筋焊点剪切试件；（c）钢筋焊点拉伸试件

（4）焊接网剪切试件应沿同一横向钢筋切取。

（5）切取剪切试件时，应使制品中的纵向钢筋成为试件的受拉钢筋。

七、预埋件钢筋 T 形接头试件制备

1. 一般要求

（1）预埋件钢筋 T 形接头进行力学性能检验时，应以 300 件同类型预埋件作为一批，一周内连续焊接时，可累计计算。当不足 300 件时，亦应按一批计算。

（2）应从每批预埋件中随机切取 3 个接头做拉伸试验，试件的钢筋长度应大于或等于 200mm，钢板的长度和宽度均应大于或等于 60mm。

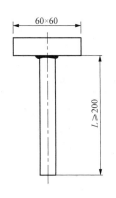

图 3-3 预埋件钢筋 T 形接头试件

2. 预埋件钢筋 T 形接头试件制备

预埋件钢筋 T 形接头试件制备尺寸如图 3-3 所示。

第四章

建筑材料及试验

一、水泥的检验

1. 通用硅酸盐水泥技术要求

（1）化学指标。通用硅酸盐水泥化学指标应符合表 4-1 的规定。

表 4-1　　　　　　　　通用硅酸盐水泥化学指标　　　　　　　（单位：%）

品　　种	代号	溶物 （质量分数）	烧失量 （质量分数）	三氧化硫 （质量分数）	氧化镁 （质量分数）	氯离子 （质量分数）
硅酸盐水泥	P·I	≤0.75	≤3.0	≤3.5	≤5.0	≤0.06
	P·I	≤1.50	≤3.5			
普通硅酸盐水泥	P·O	—	≤5.0			
矿渣硅酸盐水泥	P·S·A	—	—	≤4.0	≤6.0	
	P·S·B	—	—			
火山灰质硅酸盐水泥	P·P	—	—	≤3.5	≤6.0	
粉煤灰硅酸盐水泥	P·F	—	—			
复合硅酸盐水泥	P·C	—	—			

如果水泥中氧化镁的含量（质量分数）大于 6.0% 时，需进行水泥压蒸安定性试验并合格。

当有更低要求时，该指标由买卖双方确定。

（2）碱含量（选择性指标）。水泥中碱含量按 $Na_2O+0.658K_2O$ 计算值表示。若使用活性骨料，用户要求提供低碱水泥时，水泥中的碱含量应不大于 0.60% 或由买卖双方协商确定。

（3）物理指标。

1）凝结时间。硅酸盐水泥初凝时间不小于 45min，终凝时间不大于 390min。

普通硅酸盐水泥、矿渣硅酸盐水泥、火山灰质硅酸盐水泥、粉煤灰硅酸盐水泥和复合硅酸盐水泥初凝不小于 45min，终凝不大于 600min。

2）安全性。沸煮法合格。

3）强度。不同品种不同强度等级的通用硅酸盐水泥，其不同龄期的强度应符合表 4-2 的规定。

表 4-2　　　　　　　　通用硅酸盐水泥的强度等级　　　　（单位：MPa）

品　　种	强度等级	抗压强度		抗折强度	
		3d	28d	3d	28d
硅酸盐水泥	42.5	≥17.0	≥42.5	≥3.5	≥6.5
	42.5R	≥22.0		≥4.0	
	52.5	≥23.0	≥52.5	≥4.0	≥7.0
	52.5R	≥27.0		≥5.0	
	62.5	≥28.0	≥62.5	≥5.0	≥8.0
	62.5R	≥32.0		≥5.5	
普通硅酸盐水泥	42.5	≥17.0	≥42.5	≥3.5	≥6.5
	42.5R	≥22.0		≥4.0	
	52.5	≥23.0	≥52.5	≥4.0	≥7.0
	52.5R	≥27.0		≥5.0	
矿渣硅酸盐水泥 火山灰质硅酸盐水泥 粉煤灰硅酸盐水泥 复合硅酸盐水泥	32.5	≥10.0	≥32.5	≥2.5	≥5.5
	32.5R	≥15.0		≥3.5	
	42.5	≥15.0	≥42.5	≥3.5	≥6.5
	42.5R	≥19.0		≥4.0	
	52.5	≥21.0	≥52.5	≥4.0	≥7.0
	52.5R	≥23.0		≥4.5	

（4）细度（选择性指标）。硅酸盐水泥和普通硅酸盐水泥的细度以比表面积表示，其比表面积不小于 300m²/kg；矿渣硅酸盐水泥、火山灰质硅酸盐水泥、粉煤灰硅酸盐水泥和复合硅酸盐水泥的细度以筛余表示，其 80μm 方孔筛筛余不大于 10% 或 45μm 方孔筛筛余不大于 30%。

2. 水泥进场复检项目

水泥进入现场后应进行复检，水泥的复检项目主要有细度或比表面积、凝结时间、安定性、标准稠度用水量、抗折强度和抗压强度。

3. 水泥的抽样及处置

（1）检验批。使用单位在水泥进场后，应按批对水泥进行检验。根据《混凝土结构工程施工质量验收规范》（GB 50204—2015）规定，按同一生产厂家、同一等级、同一品种、同一批号且连续进场的水泥，袋装不超过 200t 为一批，散装不超过 500t 为一批，每批抽样不少于一次。

（2）水泥的取样。

1）取样单位。即按每一检验批作为一个取样单位，每检验批抽样不少于一次。

2）取样数量与方法。为了使试样具有代表性，可在散装水泥卸料处或输送水泥运输机具上 20 个不同部位取等量样品，总量至少 12kg。然后，采用缩分法将样品缩分到标准要求的规定量。

（3）试样制备。试验前应将试样通过 0.9mm 方孔筛，并在 110℃±1℃烘干箱内烘干备用。

（4）试验室条件。试验室的温度为 20℃±2℃，相对湿度不低于 50%；水泥试样、拌和水、标准砂、仪器和用具的温度应与试验室一致；水泥标准养护箱的温度为 20℃±1℃，相对湿度不低于 90%。

4. 水泥细度检验

水泥细度测定的目的，在于通过控制细度来保证水泥的活性，从而控制水泥质量。

细度可用透气式比表面积仪或筛析法测定，这里主要介绍筛析法。筛析法分为负压筛法、水筛法和手工干筛法。

（1）负压筛法。

1）主要仪器设备。包括负压筛（图 4-1）、筛座（图 4-2）、天平等。

2）试验方法和步骤。

①筛析试验前，应把负压筛放在筛座上，盖上筛盖，接通电源，检查控制系统。调节负压至 4～6kPa，喷气嘴上口平面应与筛网之间保持 2～8mm 的距离。

②称取试样，80μm 筛析试验称取试样 25g，45μm 筛析试验称取试样 10g，置

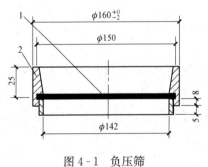

图 4-1　负压筛
1—筛网；2—筛框

于洁净的负压筛中。盖上筛盖，放在筛座上，开动筛析仪连续筛动2min，在此期间如有试样附着在筛盖上，可轻轻地敲击，使试样落下，筛毕用天平称量筛余物。

当工作负压小于4000MPa时，应清理吸尘器内水泥，使负压恢复正常。

（2）水筛法。

1）主要仪器设备。包括筛子、筛座、喷头（图3-3）、天平等。

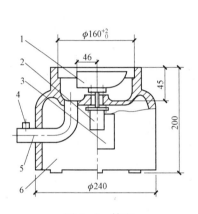

图4-2　筛座

1—喷气嘴；2—微电机；

3—控制板开口；4—负压表接口；

5—负压源及吸尘器接口；6—壳体

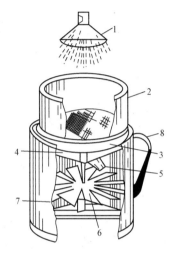

图4-3　水泥细度筛

1—喷头；2—标准筛；3—旋转托架；

4—集水斗；5—出水口；

6—叶轮；7—外筒；8—把手

2）试验方法步骤。

①筛析试验前应检查水中无泥、砂，调整好水压及水筛架位置，使其能正常运转，喷头底面和筛网之间的距离为35～75mm。

②称取水泥试样，80μm筛析试验称取试样25g，45μm筛析试验称取试样10g，置于洁净的水筛中，立即用洁净水冲洗至大部分细粉通过，再将筛子置于筛座上，用水压为0.05MPa±0.02MPa的喷头连续冲洗3min。

③筛毕取下，将筛余物冲至一边，用少量水把筛余物全部移至蒸发皿（或烘样盘）中，等水泥颗粒全部沉淀后将水倒出，烘干后称量全部筛余物。

（3）手工干筛法。

1）主要仪器设备。包括筛子（筛框有效直径为150mm，高50mm、方孔边长为0.08mm的铜布筛）、烘箱、天平等。

2）试验方法步骤。称取烘干试样25g倒入筛内，用一手执筛往复摇动，另一手轻轻拍打，拍打速度约为120次/min，其间每40次向同一方向转动60°，使试样均匀分布在筛网上，直至每分钟通量不超过0.03g时为止，称量全部筛余物质量。

水泥试样筛余百分数按式（4-1）计算，精确至0.1%：

$$F = R_a/W \times 100\% \qquad (4-1)$$

式中 F——水泥试样的筛余百分数，%；

R_a——水泥筛余物的质量，g；

W——水泥试样的质量，g。

负压筛法与水筛法或手工筛法测定的结果产生争议时，以负压筛法为准。

5. 水泥标准稠度用水量试验

水泥标准稠度用水量是指水泥净浆以标准方法测试而达到统一规定的浆体可塑性所需加的水量，而水泥的凝结时间和安定性都和用水量有关，因而此测试可消除试验条件的差异，有利于比较，同时为进行凝结时间和安定性试验做好准备。

试验的主要仪器设备有标准法维卡仪(图4-4)和代用法维卡仪(图4-5)。

用水泥净浆搅拌机搅拌。搅拌锅和搅拌叶片先用湿布擦过，将拌和用水倒入搅拌锅内，然后在5～10s内小心将称好的500g水泥加入水中，防止水和水泥溅出；拌和时，先将锅放在搅拌机的锅座上，升至搅拌位置，启动搅拌机，低速搅拌120s，停15s，同时将叶片和锅壁上的水泥浆刮入锅中间，接着高速搅拌120s，停机。

测定方法与步骤如下。

（1）标准法。

1）测定方法。水泥净浆拌和结束后，立即将拌制好的水泥净浆装入已置于玻璃底板上的试模中，用小刀插捣，轻轻振动数次，刮去多余的净浆，抹平后迅速将试模和底板移到维卡仪上，并将其中心定在试杆下降低试杆，直至与水泥净浆表面接触。拧紧螺母1～2s后，突然放松，使试杆垂直地沉入水泥净浆中。在试杆停止沉入或释放试杆30s时，记录试杆距底板的距离，升起试杆后立即擦净；整个操作应在搅拌后1.5min内完成。

2）试验结果计算与确定。以试杆沉入净浆并距底板6mm±1mm的水泥净浆为标准稠度净浆。其拌和用水量为该水泥的标准稠度用水量，按水泥质量的百分比计。

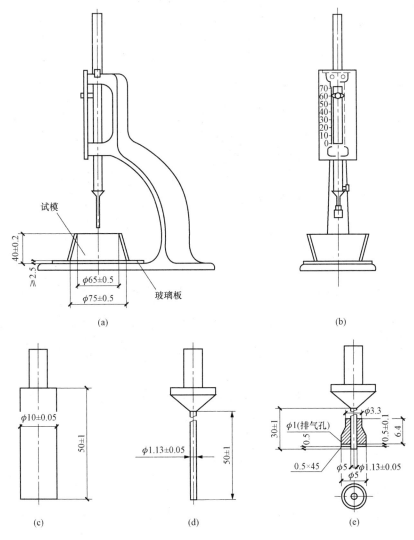

图 4-4 测定水泥标准稠度和凝结时间用的维卡仪（标准法）

（a）初凝时间测定用立式试模的侧视图；（b）终凝时间测定用反转试模的前视图；

（c）标准稠度试杆；（d）初凝用试针；（e）终凝用试针

（2）代用法。采用代用法测定水泥标准稠度用水量，可用调整水量和不变水量两种方法的任一种测定。

1）调整水量法。采用调整水量法时，拌和用水量按经验找水。水泥净浆拌制结束后，立即将拌制好的水泥净浆装入锥模中，用小刀插捣，轻轻振动数次，刮去多余的净浆；抹平后，迅速放到试锥下面的固定位置上，将试锥降至净浆表

63

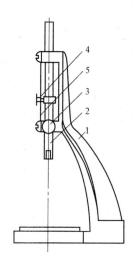
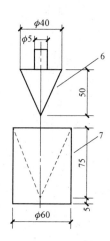

图 4-5　代用法维卡仪

1—铁座；2—金属圆棒；3—松紧螺钉；4—指针；5—标尺；6—试锥；7—锥模

面，拧紧螺母 1～2s 后突然放松，让试锥垂直自由地沉入水泥净浆中。到试锥停止下沉或释放试锥 30s 时，记录试锥下沉深度。整个操作应在搅拌后 1.5min 内完成。

2）不变水量法。采用不变水量法时，拌和用水量为 142.5mL，测定方法同调整水量法。

3）试验结果计算与确定。

①采用调整水量法测定时，以试锥下沉深度 28mm±2mm 时的净浆为标准稠度净浆。其拌和用水量为该水泥的标准稠度用水量，按水泥质量的百分比计。如下沉深度超出范围，需另取试样，调整水量，重新试验，直至达到 28mm±2mm 为止。

②根据测得的试锥下沉深度 S（mm）按下式计算，得到标准稠度用水量 P_{cs}（%）。

$$P_{cs} = 33.4 - 0.185S \tag{4-2}$$

当试锥下沉深度小于 13mm 时，应改用调整水量法测定。

6. 水泥净浆凝结时间试验

（1）目的。测定水泥加水至开始失去可塑性（初凝）和完全失去可塑性（终凝）所用的时间，可以评定水泥的技术性质。初凝时间可以保证混凝土施工过程（即搅拌、运输、浇筑、振捣）的完成。终凝时间可以控制水泥的硬化及强度增长，以利于下一道施工工序的进行。

（2）主要仪器设备。包括凝结时间测定仪、指针和环模（图4-6）、净浆搅拌机等。

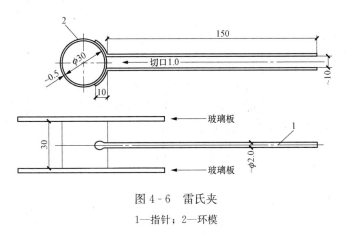

图4-6 雷氏夹
1—指针；2—环模

（3）测定方法。

1）测定前准备工作。调整凝结时间测定仪的试针接触玻璃时，指针对准零点。

2）试件的制备。以标准稠度用水量按以上要求制作标准稠度净浆，一次装满试模，振动数次刮平，立即放入湿气养护箱中。记录水泥全部加入水中的时间，作为凝结时间的起始时间。

3）测试时应注意的事项。

①每次测试完毕后，须将试模放回湿气养护箱内放置。

②整个测试过程中，要防止试模受振。

③每次测定均应更换试针落下位置，不能落入同一针孔。每次测试完毕，要将试针擦净。

4）初凝时间的测定。

①试件在湿气养护箱中养护至加水后30min时，进行第一次测定。测定时，从湿气养护箱中取出试模放到试针下，降低试针与水泥净浆表面接触。拧紧螺钉1～2s后突然放松，试针垂直地沉入水泥净浆中。观察试针停止沉入或释放试针30s时指针的读数。当试针沉至距底板4mm＋1mm时，为水泥达到初凝状态。

②在最初测定操作时，应注意轻轻扶持金属柱，使其徐徐下降，以防试针撞弯，但其结果以自由下落为准。

③在整个测试过程中，试针沉入的位置至少要距试模内壁 10mm。

④临近初凝时，每隔 5min 测定一次。当达到初凝时应立即重复测一次，当两次结论相同时，才能定为达到初凝状态。

5）终凝时间的测定。

①为了准确观测试针沉入的状况，在终凝针安装了一个环形附件，如图 4-4 (e) 所示。在完成初凝时间测定后，立即将试模连同浆体以平移的方式从玻璃板取下，翻转 180°，直径大端向上、小端向下，放在玻璃板上，再放入湿气养护箱中继续养护，临近终凝时间每隔 15min 测定一次。当试针沉入试体 0.5mm 时，即环形附件开始不能在试体上留下痕迹时，为水泥达到终凝状态。

②当达到终凝时应立即重复测一次，当两次结论相同时，才能定为达到终凝状态。

（4）试验结果的确定及验定。

1）初凝时间：是指自水泥全部入水时起，至净浆达到初凝状态的时间，单位"min"。

2）终凝时间：是指自水泥全部入水时起，至净浆达到终凝状态的时间，单位"min"。

验定方法为将测定的初凝和终凝时间，对照国家规范对各种水泥的技术要求，判定凝结时间是否合格。

7. 安定性试验

安定性试验可采用饼法或雷氏夹法，当试验结果有争议时，以雷氏夹法为准。

（1）目的。安定性是水泥硬化后体积变化的均匀性，体积的不均匀变化会引起膨胀、裂缝或翘曲等现象。

（2）主要仪器设备。包括沸煮箱、雷氏夹（见图 4-6）、雷氏夹膨胀值测量仪、水泥净浆搅拌机、玻璃板等。

（3）试验方法及步骤。

1）称取水泥试样 400g，用标准稠度需水量，按标准稠度测定时拌和净浆的方法制成水泥净浆，然后制作试件。

①饼法制作。从制成的水泥净浆中取试样 150g，分成两等份，制成球形，放在涂过油的玻璃板上。轻轻振动玻璃板，并用湿布擦过的小刀，由边缘向饼的中央抹动，制成直径为 70～80mm、中心厚约 10mm、边缘渐薄、表面光滑的试饼，接着将试饼放入养护箱内，自成型时起养护 24h±2h。

②雷氏夹法制作。将预先准备好的雷氏夹，放在已擦过油的玻璃板上，并将已制好的标准稠度净浆装满试模。装模时一只手轻轻扶模，另一只手用宽约10mm 的小刀插捣 15 次左右，然后抹平，盖上稍涂油的玻璃板，接着将试模移至养护箱内养护 24h±2h。

2）调整好沸煮箱的水位，使之能在整个沸煮过程中都没过试件，不需中途补试验用水，同时又能保证在 30min±5min 内升高至沸腾。

3）脱去玻璃板，取下试件。

①当采用饼法时，先检查试饼是否完整。在试饼无缺陷的情况下，将取下的试饼置于沸煮箱内水中的算板上，然后在 30min±5min 内加热至沸，并恒沸 3h±5min。

②当采用雷氏夹法时，先测量试件指针尖端间的距离（A），精确到 0.5mm。接着将试件放入水中算板上，指针朝上，试件之间互不交叉。然后，在 30min±5min 内加热至沸腾，并恒沸 3h±5min。

煮毕，将水放出，待箱内温度冷却至室温时取出检查。

（4）结果鉴定。

1）饼法鉴定。目测试饼，若未发现裂缝，再用直尺检查也没有弯曲时，则水泥安定性合格，反之为不合格。当两个试饼有矛盾时，为安定性不合格。

2）雷氏夹法鉴定。测量试件指针尖端间的距离 C，精确至 0.5mm。当两个试件煮后增加距离（$C-A$）的平均值不大于 5.00mm 时，即安定性合格，反之为不合格。

当两个试件的（$C-A$）值相差超过 4mm 时，应用同一样品立即重做一次试验。

8. 水泥胶砂强度检验

（1）目的。根据国家标准要求，用软练胶砂法测定水泥各标准龄期的强度，从而确定或检验水泥的强度等级。

（2）试验室要求。

1）试件成形室的温度应保持在 20℃±2℃，相对湿度应不低于 50%。

2）试件带模养护的养护箱或雾室温度保持在 20℃±1℃，相对湿度不低于90%。

（3）主要仪器。包括行星式水泥胶砂搅拌机、水泥胶砂试模、水泥胶砂试件成形振实台、电动抗折试验机、抗压试验机、水泥抗压模具等。

（4）试验步骤。

1）胶砂制备。

①配料。水泥、砂、水和试验用具的温度与试验室相同，称量用的天平精度应为±1g。当用自动滴管加水时，滴管精度应达到±1mL。水泥称量 450g±2g；标准砂称量 1350g±5g；水称量 225mL±1mL。

②搅拌。每锅胶砂用搅拌机进行机械搅拌。先使搅拌机处于待工作状态，然后，按以下的程序进行操作：

a. 把水加入锅里，再加入水泥，把锅放到固定架上，上升至固定位置。

b. 立即开动机器，低速搅拌 30s 后，在第二个 30s 开始的同时，均匀地将砂子加入。当各级砂分装时，从最粗粒级开始，依次将所需的每级砂量加完。把机器转至高速，再搅拌 30s。

c. 停止搅拌 90s，在第 1 个 15s 内，用一胶皮刮具将叶片和锅壁上的胶砂刮入锅中间。在高速下继续搅拌 60s。各个搅拌阶段，时间误差应在±1s 以内。

2）试件制备。胶砂制备后立即进行成形。将空试模和模套固定在振实台上，用一个适当勺子，直接从搅拌锅里将胶砂分两层装入试模。装第一层时，每个槽里约放 300g 胶砂，用大播料器垂直架在模套顶部沿每个模槽来回一次，将料层播平，接着振实 60 次。再装入第二层胶砂，用小播料器播平，再振实 60 次。移走模套，从振实台上取下试模，用一金属直尺以近似 90°的角度架在试模顶的一端，然后沿试模长度方向，以横向锯割动作慢慢向另一端移动，一次将超过试模部分的胶砂刮去，并用同一直尺以近乎水平的情况下，将试体表面抹平。

在试模上做标记或加字条，标明试件编号和试件相对于振实台的位置。

3）试件养护。

①脱模前的处理和养护。去掉留在模子四周的胶砂。立即将做好标记的试模放入雾室或放在湿箱的水平架子上养护，湿空气应能与试模各边接触。养护时，不应将试模放在其他试模上。一直养护到规定的脱模时间时，取出脱模。脱模前，用防水墨汁或颜料笔对试体进行编号和做其他标记。两个龄期以上的试体在编号时，应将同一试模中的三条试体分在两个以上龄期内。

②脱模。脱模应非常小心，脱模时可采用塑料锤或橡皮榔头或专门脱模器，防止脱模破损。对于 24h 龄期的，应在成形试验前 20min 内脱模；对于 24h 以上龄期的，应在成形后 20～24h 脱模。

注：如经 24h 养护，会因脱模对强度造成损害时，可以延迟至 24h 以后脱模，但在试验报告中应予说明。

已确定作为 24h 龄期试验（或其他不下水直接做试验）的已脱模试体，应用湿布覆盖至做试验时为止。

③水中养护。将做好标记的试件立即水平或竖直放在 20℃±1℃水中养护，水平放置时刮平面应朝上。试件放在不易腐烂的箅子上，并彼此间保持一定间距，以让水与试件的六个面接触。养护期间试件间间隔或试体上表面的水深不得小于 5mm。

注：①不宜用木箅子；②每个养护池只养护同类型的水泥试件；③最初用自来水装满养护池（或容器），随后随时加水，保持适当的恒定水位，不允许在养护期间全部换水；④除24h 龄期或延迟至 48h 脱模的试体外，任何到龄期的试体应在试验（破形）前 15min，从水中取出。擦去试体表面沉积物，并用湿布覆盖至试验为止。

④强度试验试件的龄期。试体龄期是从水泥加水搅拌开始试验时算起，不同龄期强度试验在下列时间里进行。

——24h±15min；

——48h±30min；

——72h±45min；

——7 d±2h；

——>28d±8h。

4）抗折强度测定。

①将试体一个侧面放在试验机支撑圆柱上，试体长轴垂直于支撑圆柱，通过加荷圆柱以 50N/s±10N/s 的速率，均匀地将荷载垂直地加在棱柱体相对侧面上，直至折断。

②保持两个半截棱柱体处于潮湿状态，直至抗压试验。

③抗折强度 R_f 以 MPa 为单位，按式（4-3）进行计算：

$$R_f = \frac{1.5F_f L}{b^3} \qquad (4-3)$$

式中　F_f——折断时施加于棱柱体中部的荷载，N；

　　　L——支撑圆柱之间的距离，mm；

　　　b——棱柱体正方形截面的边长，mm。

各试体的抗折强度记录至 0.1MPa。

5）抗压强度测定。

①抗压强度试验在半截棱柱体的侧面上进行。

②半截棱柱体中心与压力机压板受压中心差应在±0.5mm 内，棱柱体露在抗压强度试件夹具压板外的部分约有 10mm。在整个加荷过程中，以 2400N/s±

200N/s 的速率均匀地加荷直至破坏。抗压强度 R_c 以 MPa 为单位，按式（4-4）进行计算：

$$R_c = \frac{F_c}{A} \qquad\qquad (4-4)$$

式中　F_c——破坏时的最大荷载，N；

　　　　A——受压部分面积，mm^2（$40mm \times 40mm = 1600mm^2$）。

各试体的抗压强度结果计算至 0.1MPa。

（5）试验结果。

1）抗折强度。以一组三个棱柱体抗折结果的平均值作为试验结果。当三个强度值中有超出平均值±10%时，应剔除后再取平均值作为抗折强度试验结果（计算结果精确至 0.1MPa）。

2）抗压强度。以一组三个棱柱体上得到的六个抗压强度测定值的算术平均值为试验结果。如六个测定值中有一个超出六个平均值的±10%，就应剔除这个结果，而以剩下五个的平均值为结果。如果五个测定值中再有超过它们平均数±10%的，则此组结果作废（计算结果精确至 0.1MPa）。

（6）结果评定。试验结果中各龄期的抗折和抗压强度的四个数值均应符合标准中数值要求。如有任一项低于规定值，则应降低等级，直至全部满足规定值为止。

二、建筑用砂、石检验

1. 建筑用砂技术要求

普通混凝土用细骨料是指粒径在 0.15～5.00mm 的岩石颗粒，称为砂。砂按产源分为天然砂和人工砂两类。天然砂是由自然风化，水流搬运和分选、堆积形成的，包括河砂、湖砂、山砂和淡化海砂四种；人工砂是经除土处理的机制砂（由机械破碎、筛分制成）和混合砂（由机制砂和天然砂混合制成）的统称。国家标准《建设用砂》（GB/T 14684—2011）对混凝土用砂提出了明确的技术质量要求，主要内容有 5 个方面：

（1）表观密度、堆积密度、空隙率。砂的表观密度、堆积密度、空隙率应符合如下规定：表观密度 $\rho_0 > 2500 kg/m^3$；松散堆积密度 $\rho'_0 > 1350 kg/m^3$；空隙率 $P' < 47\%$。

（2）含泥量、石粉含量和泥块含量。含泥量是指天然砂中粒径小于 $80\mu m$ 的颗粒含量。石粉含量是指人工砂中粒径小于 $80\mu m$ 的颗粒含量。泥块含量是指砂中原粒径大于 $1.25mm$，经水浸洗、手捏后小于 $630\mu m$ 的颗粒含量。砂中的泥和石粉颗粒极细，会黏附在砂粒表面，阻碍水泥石与砂子的胶结，降低混凝土的强度及耐久性。而砂中的泥块在混凝土中会形成薄弱部分，对混凝土的质量影响更大。因此，对砂中含泥量、石粉含量和泥块含量必须严格限制。天然砂中含泥量、泥块含量标准见表 4-3，人工砂中石粉含量和泥块含量标准见表 4-4。

表 4-3　　　　　　　　　　天然砂中含泥量和泥块含量标准

混凝土强度等级	≥C60	C55～C30	≤C25
含泥量（按质量计）（%）	≤2.0	≤3.0	≤5.0
泥块含量（按质量计）（%）	≤0.5	≤1.0	≤2.0

表 4-4　　　　　　　　　人工砂中石粉含量和泥块含量标准

混凝土强度等级			≥C60	C55～C30	≤C25
亚甲蓝试验	MB值<1.40 或合格	石粉含量（按质量计）（%）	≤5.0	≤7.0	≤10.0
		泥块含量（按质量计）（%）	0	<1.0	<2.0
	MB值≥1.40 或不合格	石粉含量（按质量计）（%）	≤2.0	≤3.0	≤5.0
		泥块含量（按质量计）（%）	0	<1.0	<2.0

（3）有害物质含量。砂中不应混有草根、树叶、树枝、塑料等杂物，其有害物质主要是云母、轻物质、有机物、硫化物及硫酸盐、氯化物等。云母为表面光滑的小薄片，轻物质指体积密度小于 $2000kg/m^3$ 的物质（如煤屑、炉渣等），它们会黏附在砂粒表面，与水泥浆黏结差，影响砂的强度及耐久性。有机物、硫化物及硫酸盐对水泥石有侵蚀作用，而氯化物会导致混凝土中的钢筋锈蚀。有害物质含量要求见表 4-5。

表 4-5　　　　　　　　　　砂中有害物质含量要求

混凝土强度等级	≥C60	C55～C30	≤C25
云母（按质量计）（%）	≤2.0	≤2.0	≤2.0
轻物质（按质量计）（%）	≤1.0	≤1.0	≤1.0
有机物（比色法）	合格	合格	合格
硫化物及硫酸盐（按 SO_3 质量计）（%）	≤1.0	≤1.0	≤1.0

（4）颗粒级配。颗粒级配是指砂中不同粒径颗粒搭配的比例情况。在砂中，砂粒之间的空隙由水泥浆填充，为达到节约水泥和提高混凝土强度的目的，应尽量降低砂粒之间的空隙。从图4-7可以看出，采用相同粒径的砂，空隙率最大［图4-7(a)］；两种粒径的砂搭配起来，空隙率减小［图4-7(b)］；三种粒径的砂搭配，空隙率就更小［图4-7(c)］。因此，要减少砂的空隙率，就必须采用大小不同的颗粒搭配，即良好的颗粒级配砂。

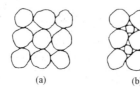

(a)　　　　　　(b)　　　　　　(c)

图4-7　骨料的颗粒级配

砂的颗粒级配采用筛分析法来测定。用一套孔径为 4.75mm、2.36mm、1.18mm、$600\mu m$、$300\mu m$、$150\mu m$ 的标准筛，将抽样后经缩分所得 500g 干砂由粗到细依次过筛，然后称取各筛上的筛余量，并计算出分计筛余百分率 a_1、a_2、a_3、a_4、a_5、a_6（各筛筛余量与试样总量之比）及累计筛余百分率 A_1、A_2、A_3、A_4、A_5、A_6（该号筛的筛余百分率与该号筛以上各筛筛余百分率之和）。分计筛余与累计筛余的关系见表4-6。筛分析的具体做法见本章第三节有关内容。

表4-6　　　　　　　　　　分计筛余与累计筛余的关系

筛孔尺寸	分计筛余（%）	累计筛余（%）	筛孔尺寸	分计筛余（%）	累计筛余（%）
4.75mm	a_1	$A_1 = a_1$	$600\mu m$	a_4	$A_4 = a_1 + a_2 + a_3 + a_4$
2.36mm	a_2	$A_2 = a_1 + a_2$	$300\mu m$	a_5	$A_5 + a_1 + a_2 + a_3 + a_4 + a_5$
1.18mm	a_3	$A_3 = a_1 + a_2 + a_3$	$150\mu m$	a_6	$A_6 = a_1 + a_2 + a_3 + a_4 + a_5 + a_6$

砂的颗粒级配用级配区表示，应符合表4-7的规定。

表4-7　　　　　　　　　　砂的颗粒级配

累计筛余（%）　　级配区　　方孔筛径	I	II	III
5.00mm	10～0	10～0	10～0
2.50mm	35～5	25～0	15～0
1.25mm	65～35	50～10	25～0

级配区 累计筛余（％） 方孔筛径	Ⅰ	Ⅱ	Ⅲ
630μm	85～71	70～41	40～16
315μm	95～80	92～70	85～55
160μm	100～90	100～90	100～90

为方便应用，可将表 4-7 中的数值绘制成砂的级配区曲线图，即以累计筛余为纵坐标，以筛孔尺寸为横坐标，画出砂的Ⅰ、Ⅱ、Ⅲ三个区的级配区曲线，如图 4-8 所示。使用时以级配区或级配区曲线图判定砂级配的合格性。普通混凝土用砂的颗粒级配只要处于表 4-7 中的任何一个级配区中均为级配合格，或者将筛分析试验所计算的累计筛余百分率标注到级配区曲线图中，观察此筛分结果曲线，只要落在三个区的任何一个区内，即为级配合格。

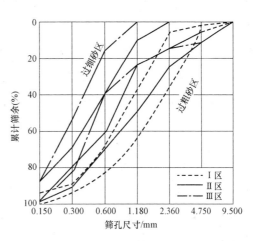

图 4-8　砂的级配区曲线

配制混凝土宜优先选用Ⅱ区砂。当采用Ⅰ区砂时，应适当提高砂率，并保证足够的水泥用量，以满足混凝土和易性要求。当采用Ⅲ区砂时，宜适当降低砂率，以保证混凝土强度。

（5）规格。砂按细度模数 M_x 分为粗、中、细、特细四种规格，其细度模数分别为：

粗砂　　　　$M_x = 3.7～3.1$

中砂　　　　$M_x = 3.0～2.3$

细砂　　　　$M_x = 2.2～1.6$

特细砂　　　$M_x = 1.5～0.7$

细度模数（M_x）是衡量砂粗细程度的指标，按下式计算：

$$M_x = \frac{(A_2 + A_3 + A_4 + A_5 + A_6) - 5A_1}{100 - A_1} \tag{4-5}$$

式中　　A_1、A_2、A_3、A_4、A_5、A_6——分别为 4.75mm、2.36mm、1.18mm、

600μm、300μm、150μm 筛的累计筛余

百分率；

M_x——砂的细度模数。

细度模数描述的是砂的粗细，即总表面积的大小。在配制混凝土时，在相同用砂量条件下采用细砂则总表面积较大，而采用粗砂则总表面积较小。砂的总表面积越大，则混凝土中需要包裹砂粒表面的水泥浆越多，当混凝土拌和物的和易性要求一定时，显然较粗的砂所需的水泥浆量就比较细的砂要省。但砂过粗，易使混凝土拌和物产生离析、泌水等现象，影响混凝土和易性。因此，用于混凝土的砂不宜过粗，也不宜过细。应当指出，砂的细度模数不能反映砂的级配优劣，细度模数相同的砂，其级配可以有很大差异。因此，在配制混凝土时，必须同时考虑砂的颗粒级配和细度模数。

2. 建筑用碎石或卵石技术要求

粒径大于 4.75mm 的骨料称粗骨料。混凝土常用的粗骨料有卵石与碎石两种。卵石又称砾石，是自然风化、水流搬运和分选、堆积形成的岩石颗粒。按其产源可分为河卵石、海卵石、山卵石等几种，其中以河卵石应用最多。碎石是由天然岩石或卵石经机械破碎、筛分制成的岩石颗粒。为保证混凝土质量，国家标准《建设用卵石、碎石》(GB/T 14685—2011) 中对其质量提出了具体要求，主要内容有 7 方面：

(1) 表观密度、堆积密度、空隙率。表观密度、堆积密度、空隙率应符合如下规定：表观密度 $\rho_0 > 2500\text{kg/m}^3$，松散堆积密度 $\rho_0' > 1350\text{kg/m}^3$，空隙率 P' $< 47\%$。

(2) 含泥量和泥块含量。含泥量是指卵石、碎石中粒径小于 80μm 的颗粒含量。泥块含量是指卵石、碎石中原粒径大于 5.00mm，经水浸洗、手捏后小于 2.50mm 的颗粒含量。

卵石、碎石中的泥含量和泥块含量对混凝土的危害与在砂中的相同。按标准要求，卵石、碎石中的泥和泥块含量见表 4-8。

表 4-8　　　　　　　　　卵石、碎石的含泥量和泥块含量

混凝土强度等级	≥C60	C55～C30	≤C25
含泥量（按质量计）（%）	≤0.5	≤1.0	≤2.0
泥块含量（按质量计）（%）	≤0.2	≤0.5	≤0.7

（3）针、片状颗粒含量。针状颗粒是指颗粒长度大于该颗粒所属相应粒级的平均粒径 2.4 倍者，片状颗粒则是指颗粒厚度小于平均粒径 0.4 倍者（平均粒径指该粒级上、下限粒径的平均值）。针、片状颗粒不仅本身容易折断，而且会增加骨料的空隙率，使混凝土拌和物和易性变差，强度降低，其含量限值见表 4-9。

表 4-9　　　　　　　　卵石、碎石针、片状颗粒含量限值

混凝土强度等级	≥C60	C55～C30	≤C25
针、片状颗粒（按质量计）（%）	≤8	≤15	≤25

（4）有害物质。卵石和碎石中不应混有草根、树叶、树枝、塑料、煤块和炉渣等杂物。其有害物质含量见表 4-10。

表 4-10　　　　　　　　卵石、碎石有害物质含量

混凝土强度等级	≥C60	C55～C30	≤C25
有机物	颜色应不深于标准色。当颜色深于标准色时应配制成混凝土进行强度对比试验，抗压强度比应不低于 0.95		
硫化物及硫酸盐（按 SO_3 质量计）（%）	≤1.0	≤1.0	≤1.0

（5）强度。为了保证混凝土的强度要求，粗骨料必须具有足够的强度。卵石和碎石，采用岩石抗压强度和压碎指标两种方法检验。在选择采石场或混凝土强度等级不小于 C60 以及对质量有争议时，宜采用岩石抗压强度检验，对于工程中经常性的生产质量控制，宜采用压碎指标检验。

岩石抗压强度是将母岩制成 50mm×50mm×50mm 立方体试件（或 φ50mm×50mm 的圆柱体试件），在水饱和状态下测定其极限抗压强度值，其抗压强度：火成岩应不小于 80MPa，变质岩应不小于 60MPa，水成岩应不小于 30MPa。

压碎指标是将一定质量风干状态下 9.50～19.0mm 的颗粒装入标准圆模内，在压力机上，按 1kN/s 速度均匀加荷至 200kN 并稳荷 5s，卸荷后用 2.36mm 的筛筛除被压碎的细粒，称出留在筛上的试样质量，然后按式（4-6）计算。

$$Q_e = \frac{G_1 - G_2}{G_1} \times 100 \qquad (4-6)$$

式中　Q_e——压碎指标值，%；

　　　G_1——试样的质量，g；

G_2——压碎试验后筛余的试样质量，g。

压碎指标值越小，表示骨料抵抗受压碎裂的能力越强。压碎指标应符合表4-11的规定。

表4-11　　　　　　　普通混凝土用碎石和卵石的压碎指标

项　目		C60～C40	C35
碎石压碎指标（%）	沉积岩	≤10	≤16
	变质岩或深成的火成岩	≤12	≤20
	喷出的火成岩	≤13	≤30
卵石压碎指标（%）		≤12	≤16

注：　沉积岩包括石灰石、砂岩等；变质岩包括片麻岩、石英石等；深成的火成岩包括花岗石、正长石、闪长岩和橄榄岩等；喷出的火成岩包括玄武石和辉绿岩等。

（6）最大粒径（D_{max}）。粗骨料公称粒级的上限称为该粒级的最大粒径。粗骨料最大粒径增大时，骨料总表面积减小，因此，包裹其表面所需的水泥浆量减少，可节约水泥，并且在一定和易性及水泥用量条件下，能减少用水量而提高混凝土强度。所以，在条件许可的情况下，最大粒径尽可能选得大一些。选择石子最大粒径主要从以下三个方面考虑。

1）从结构上考虑。石子最大粒径应考虑建筑结构的截面尺寸及配筋疏密。根据《混凝土结构工程施工质量验收规范》（GB 50204—2015）的规定，混凝土用的粗骨料，其最大粒径不得超过构件截面最小尺寸的1/4，且不得超过钢筋最小净间距的3/4。对混凝土实心板，骨料的最大粒径不宜超过板厚的1/3，且不得超过40mm。

2）从施工上考虑。对于泵送混凝土，最大粒径与输送管内径之比，一般建筑混凝土用碎石不宜大于1:3，卵石不宜大于1:2.5，高层建筑宜控制在（1:3）～（1:4），超高层建筑宜控制在（1:4）～（1:5）。粒径过大，对运输和搅拌都不方便，且容易造成混凝土离析、分层等质量问题。

3）从经济上考虑。试验表明，最大粒径小于80mm时，水泥用量随最大粒径减小而增加；最大粒径大于150mm后节约水泥效果却不明显，如图4-9所示。因此，从经济上考虑，最大粒径不宜超过150mm。此外，对于高强混凝土，从强度观点看，当使用的最大粒径超过40mm后，由于减少用水量获得的强度提高，被大粒径骨料造成的较小黏结面积和不均匀性的不利影响所抵消，所以，并无多大好处。综上所述，一般在水利、海港等大型工程中最大粒径通常采用120mm或150mm；在房屋建筑工程中，一般采用16mm、20mm、31.5mm或40mm。

（7）颗粒级配。粗骨料与细骨料一样，也要求有良好的颗粒级配，以减少空隙率，改善混凝土拌和物和易性及提高混凝土强度，特别是配制高强度混凝土，粗骨料级配尤为重要。

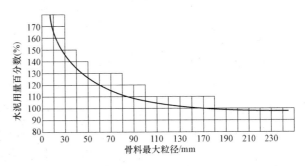

图 4-9　骨料最大粒径与水泥用量关系曲线

粗骨料的颗粒级配也是通过筛分析试验来测定的。试样筛析时，可按需要选用筛号。根据标准《建筑用卵石、碎石》（GB/T 14685—2011），建筑用卵石和碎石的颗粒级配见表 4-12。

表 4-12　　　　　　　　　　碎石和卵石的颗粒级配

累计筛余（%） 公称粒径/mm		方孔筛/mm											
		2.36	4.75	9.50	16.0	19.0	26.5	31.5	37.5	53.0	63.0	75.0	90.0
连续粒级	5~10	95~100	80~100	0~15	0								
	5~16	95~100	85~100	30~60	0~10	0							
	5~20	95~100	90~100	40~80	—	0~10	0						
	5~25	95~100	90~100	—	30~70	—	0~5	0					
	5~31.5	95~100	90~100	70~90	—	15~45	—	0~5	0				
	5~40	—	95~100	70~90	—	30~65	—	—	0~5	0			
单粒粒级	10~20		95~100	85~100	0~15	0							
	16~31.5		95~100		85~100	0~10		0					
	20~40			95~100		85~100	0~10		0				
	31.5~63				95~100		75~100	45~75		0~10	0		
	40~80					95~100		70~100		30~60	0~10	0	

粗骨料的级配有连续级配和间断级配两种。连续级配是石子由小到大连续分级（5～D_{max}）。建筑工程中多采用连续级配的石子，如天然卵石。间断级配是指用小颗粒的粒级直接和大颗粒的粒级相配，中间为不连续的级配。如将5～20mm和40～80mm的两个粒级相配，组成5～80mm的级配中缺少20～40mm的粒级，这时大颗粒的空隙直接由比它小得多的颗粒去填充，这种级配可以获得更小的空隙率，从而可节约水泥。但混凝土拌和物易产生离析现象，增加了施工难度，故工程中应用较少。单粒级宜用于组合成具有所要求级配的连续粒级，也可与连续粒级配合使用，以改善骨料级配或配成较大粒度的连续粒级。工程中不宜采用单一的单粒粒级配制混凝土。如必须使用，应作经济分析，并应通过试验证明不会发生离析等影响混凝土质量的问题。

3. 建筑用砂（石）的抽样及处置

（1）砂（石）的取样，应按批进行。购料单位取样，应一列火车、一批货船或一批汽车所运的产地和规格均相同的砂（石）为一批，但总数不宜超过400m³或600t。

（2）在料堆上取样时，一般也以400m³或600t为一批。

（3）以人工生产或用小型工具（如拖拉机等）运输的砂，以产地和规格均相同的200m³或300t为一批。

（4）在料堆上取样时，取样部位应均匀分布。取样前先将取样部位表层铲除，然后由各部位抽取大致相等的试样共8份，石子为16份，组成各自一组试样。

（5）从皮带运输机上取样时，应在皮带运输机机尾的出料处，用接料器定时抽取砂4份、石8份组成各自一组试样。

（6）从火车、汽车、货船上取样时，应从不同部位和深度抽取大致相等的砂8份，石16份组成各自一组样品。

（7）每组试样的取样数量，对每一单项试验，应不小于最少取样的质量。须作几项试验时，如确能保证试样经一项试验后不致影响另一项试验的结果，可用同一组试样进行几项不同的试验。

（8）试样的缩分。将所取每组试样的试份置于平板上，若为砂样，应在潮湿状态下搅拌均匀，并堆成厚度约为2cm的"圆饼"，然后沿互相垂直的两条直径，把"圆饼"分成大致相等的四份。取其对角的两份重新拌匀，再堆成"圆饼"。重复上述过程，直至缩分后的材料质量，略多于进行试验所必需的质量为止。若为石子试样，在自由状态下拌混均匀，并堆成锥体，然后沿相互垂直的两条直径，把锥体分成大致相等的四份。取其对角的两份重新拌匀，再堆成锥体。重复上述过程，直至缩分后材料的质量，略多于进行试验所必需的质量为止。

有条件时，也可以用分料器对试样进行缩分。

碎石或卵石的含水率及堆积密度检验，所用的试样不经缩分，拌匀后直接进行检验。

（9）试样的包装。每组试样应采用能避免细料散失及防止污染的容器包装，并附卡片标明试样编号、产地、规格、质量、要求检验项目及取样方法等。

4. 砂的筛分析试验

（1）仪器。

1）试验筛。公称直径分别为 10.0mm、5.0mm、2.5mm、1.25mm、630μm、315μm、160μm 的方孔筛各一只，以及筛的底盘和盖各一只，筛框直径为 300mm 或 200mm。其产品质量应符合现行国家标准《试验筛：技术要求和检验 第1部分：金属丝编织网试验筛》（GB/T 6003.1—2012）和《试验筛：技术要求和检验 第2部分：金属穿孔板试验筛》（GB/T 6003.2—2012）的规定。

2）托盘天平。称量 1kg，感量 1g。

3）摇筛机。

4）烘箱。能使温度控制在 105℃±5℃。

5）浅盘和硬、软毛刷等。

（2）试样制备。先将试样通过公称直径 10mm 方孔筛，计算筛余。将通过物在潮湿状态下拌匀，用四分法缩分至每份不少于 550g 的试样两份，分别装入两个浅盘，在 105℃±5℃ 的温度下烘干到恒重，冷却至室温备用。

注：恒重是指间隔时间大于 3h 的情况下，两次称量差小于该项试验所要求的称量精度（下同）。

（3）筛分。称烘干试样 500g，特细砂可称 250g，倒入依孔径大小顺序套筛的最上一只中，在摇筛机上筛 10min，取下后按筛孔由大到小的顺序，在清洁的浅盘上逐一进行手筛。当每分钟的通过量不超过试样总质量的 0.1% 时，作为筛完的标准。

注：①如为特细砂，增加 0.080mm 的方孔筛一只。

②如砂的含泥量超过 5%，应先用水洗，烘至质量恒定后，再进行筛分。

③无摇筛机时，可直接用手筛。

筛分时，在各号筛上的筛余量若超过以下规定时，需分成两次筛完。

1）仲裁试验

$$m_r \leqslant \frac{A\sqrt{d}}{300} \qquad (4-7)$$

2）生产控制检验

$$m_r \leqslant \frac{A\sqrt{d}}{200} \qquad (4-8)$$

式中　m_r——在一个筛上的剩留量，g；

　　　　d——筛孔边长，mm；

　　　　A——筛的面积，mm^2。

称各筛的筛余质量，精确至1g。所有各筛的分计筛余质量和底盘中剩余物的质量的总和，与500g试样相比，相差不得超过1%。

（4）计算。

1）分计筛余——各筛的筛余物质量占试样总的质量的百分率，精确至0.1%。

2）累计筛余——该筛的分计筛余和大于该筛孔径的诸分计筛余之和，精确至0.1%。

细度模数 μ_f 计算式为

$$\mu_f = \frac{(A_2 + A_3 + A_4 + A_5 + A_6) - 5A_1}{100 - A_1} \qquad (4-9)$$

式中　$A_1 \sim A_6$——顺次为5～0.16mm各号筛的累计筛余，%。

（5）结果。以两个试样的结果，取算术平均值。如两次试验所得的 μ_f 之差大于0.2，应重新取样试验。

5. 砂的表观密度试验

（1）仪器。

1）容量瓶：500mL。

2）干燥器、浅盘、铝制料勺、温度计等。

3）烧杯：500mL。

4）天平、烘箱。与筛分析试验同。

（2）试验步骤。

1）试样制备。将缩分至不少于650g的砂样，烘干至质量恒定，在干燥器内冷却至室温。

2）装瓶。称300g烘干试样（m_0），装入盛有半瓶冷开水的容量瓶中。摇转容量瓶，使试样在水中充分滚动，以排除气泡。塞紧瓶塞，静放 24h 左右。用滴管添水至瓶颈刻线，再塞紧瓶塞，擦干瓶外水分，称其总质量（m_1）。

3）称水与瓶的质量。倒出瓶中的水和试样，将瓶的里外洗净，注入与（2）相差不超过 2℃的冷开水至瓶颈的刻线处。塞紧瓶塞，擦干瓶外水分，称其质量（m_2）。

注：在试验过程中，应测量并控制水的温度，试验的各项称量可在 15～20℃的温度内进行，但从试样加水静置的最后 2h 起，直至试验结束，其温度相差不应超过 2℃。

（3）计算及结果。表观密度 ρ 按式（4-10）计算，精确至 $10\mathrm{kg/m^3}$。

$$\rho = \left(\frac{m_0}{m_0 + m_2 - m_1} - a_t\right) \times 1000 \quad (\mathrm{kg/m^3}) \quad (4-10)$$

式中 a_t——水温影响的修正系数，见表 4-13。

以两次试验结果的算术平均值为准，如两次差大于 $20\mathrm{kg/m^3}$ 时，应重作试验。

表 4-13   水温影响的修正系数

水温/℃	15	16	17	18	19	20
a_t	0.002	0.003	0.003	0.004	0.004	0.005
水温/℃	21	22	23	24	25	—
a_t	0.005	0.006	0.006	0.007	0.008	—

6. 砂的堆积密度和紧密密度试验

（1）仪器。

1）台秤。称量 5kg，感量 5g。

2）容积筒。金属制、圆柱形，内径 108mm，净高 109mm，筒壁厚 2mm，容积约 1L，筒底厚度为 5mm。

3）漏斗或铝制料勺。

4）烘箱。能使温度控制在 105℃±5℃。

5）直尺、浅盘等。

（2）试样制备。用浅盘装试样不少于 3L，在温度为 105℃±5℃的烘箱中烘至质量恒定，冷却至室温后，分成大致相等的两份备用。

试样烘干后如有结块，应在试验前粉碎。

（3）测堆积密度。将一份试样，通过漏斗或用料勺，从筒口以上 5cm 处徐徐装入，至试样装满并超出时止。用钢尺沿筒口中心线向两个相反方向刮平，称其质量（m_2）。再称容积筒自身的质量（m_1）。

（4）测紧密密度。取另一份试样，分两层装入容积筒。装完一层后，在筒底垫放一根 ϕ10mm 钢筋，将筒按住，左右交替颠击地面各 25 下。再装第二层，把垫着的钢筋转 90°，同法颠击。加料至试样超出筒口，用钢板尺沿筒口中心线向两个相反方向刮平，称其质量（m_2）。称筒自身的质量（m_1）。

（5）计算及结果。堆积密度及紧密密度按式（4-11）计算：

$$\rho_0 = \frac{m_2 - m_1}{V} \times 1000 \quad (\text{kg/m}^3) \tag{4-11}$$

式中　m_2——容积筒和砂总的质量，kg；

$\quad\quad m_1$——容积筒自身的质量，kg；

$\quad\quad V$——容积筒的容积，L。

以两次试验结果的算术平均值为结果。

（6）容积筒容积的校正。以 20℃±2℃ 的饮用水装满，用玻璃板沿筒口滑移，使其紧贴水面，擦干筒外壁上的水分称其质量（m'_2）。事先称得玻璃板与筒的总质量（m'_1）。单位均以 kg 计。

筒的容积 $V = m'_2 - m'_1$，单位为 L。

7. 砂的含泥量试验

（1）仪器设备。

1）托盘天平。称量 1kg，感量 1g。

2）烘箱。能使温度控制在 105℃±5℃。

3）筛。孔径 80μm 和 1.25mm 各一个。

4）洗砂用的容器及烘干用的浅盘等。

（2）试样制备。将试样在潮湿状态下用四分法缩分至约 1100g，置于温度 105℃±5℃ 的烘箱中烘至质量恒定。冷却至室温，称出 400g 的试样（m_0）两份。

（3）试验步骤。

1）滤洗。将一份试样置于容器中，注入饮用水，水面约高出砂面 150mm。充分拌匀后，浸泡 2h。然后用手在水中淘洗砂样，使尘屑、淤泥和黏土与砂粒分离，并使之悬浮或溶于水中。

将筛子用水湿润，1.25mm 的筛套在 80μm 筛子之上，将浑浊液缓缓倒入套筛，滤去小于 80μm 的颗粒。在整个过程中，严防砂粒丢失。

再次向筒中加水，重复淘洗过滤，直到筒内洗出的水清澈为止。

2）烘干称量。用水冲洗留在筛上的细粒，将 80μm 的筛放在水中，使水面高出砂粒表面，来回摇动，以充分洗除小于 $80\mu m$ 的颗粒。

仔细取下筛余的颗粒，与筒内已洗净的试样一并装入浅盘。置于温度为 $105\text{℃}\pm5\text{℃}$ 的烘箱中烘干至质量恒定。冷却至室温，称其质量（m_1）。

（4）计算及结果。含泥量 w_c 按式（4-12）计算（精确至 0.1%）。

$$w_c = \frac{m_0 - m_1}{m_0} \times 100\%\qquad(4\text{-}12)$$

式中　w_c——砂中含泥量，$\%$；

　　　m_0——试验前的烘干试样质量，g；

　　　m_1——试验后的烘干试样质量，g。

以两次试验值平均为结果，但两次的差值大于 0.5% 时，应重新取样进行试验。

8. 砂的有机物含量试验

（1）仪器设备及试剂。

1）天平。称量 100g，感量 0.1g；称量 1000g，感量 1g，各一台。

2）量筒。250mL，100mL 和 10mL。

3）烧杯、玻璃棒和孔径为 5mm 的筛。

4）氢氧化钠溶液：氢氧化钠与蒸馏水之质量比为 3∶97。

5）鞣酸、酒精等。

（2）试样的制备。

1）筛去试样中 5mm 以上的颗粒，用四分法缩分至 500g，风干备用。

2）向 250mL 量筒中装入试样至 130mL 刻度处，再注入浓度 3% 的氢氧化钠溶液至 200mL 刻度处。剧烈摇动后静置 24h。

（3）配制标准液。称 2g 鞣酸粉，溶解于 98mL 的 10% 酒精溶液中。取该液 2.5mL，注入 97.5mL 浓度为 3% 的氢氧化钠溶液中，加塞后剧烈摇动，静置 24h，制得标准溶液。将标准液装入与盛装试样相同的量筒中。

（4）结果评定。比较试样上部溶液与新配标准液的颜色，如果上部溶液浅于标准色，则试样的有机质含量鉴定合格。如两者颜色接近，应将试样和上部溶液倒入烧杯，在 60~70℃ 的水浴中加热 2~3h，再进行比色。

如果试样上部溶液深于标准色，应按以下方法进一步试验。

取试样一份，用 3% 氢氧化钠溶液洗除有机杂质，再用清水淘洗干净，使试样再行比色法试验时，浅于标准色。然后用这种洗净的试样，和未洗过的试样，分别按现行《水泥胶砂强度试验方法（ISO 法）》（GB/T 17671-1999）配制两种水泥砂浆，测定其28d的抗压强度。若未经洗除的砂，所配制砂浆的强度，与洗净砂所配制砂浆强度之比，不低于0.95，此砂尚可采用。

9. 碎石或卵石的筛分析试验

（1）仪器。

1）试验筛。孔径为100.0mm，80.0mm，63.0mm，50.0mm，40.0mm，31.5mm，25.0mm，20.0mm，16.0mm，10.0mm，5.0mm，2.5mm的方孔筛，以及筛的底盘和盖各一只。筛框内径，均为300mm。其规格及质量应符合《试验筛：技术要求和检验　第2部分：金属穿孔板试验筛》(GB/T 6003.2—2012)规定。

2）托盘天平或台秤。感量为试样量的0.1%左右。

3）烘箱。能使温度控制在105℃±5℃。

（2）试样制备。按所试石子的最大粒径不同，所需试样的质量不少于表4-14规定。用四分法将来样缩分到略多于所需试样的质量，烘干或风干后备用。

表4-14　　　　　　　　石子筛分析所需试样的低限

最大公称粒径/mm	10.0	16.0	20.0	25.0	31.5	40.0	63.0	80.0
试样质量，不少于/kg	2.0	3.2	4.0	5.0	6.3	8.0	12.6	16.0

（3）筛分。将试样按筛孔大小依次过筛，达到每分钟通过量不超过试样质量的0.1%时为止。但筛分时，筛余层之厚应不大于最大粒径的尺寸，超过时，要分成几份进行。对大于20mm的颗粒，允许用手拨动辅助过筛。

（4）结果。称各筛的筛余质量，计算分计和累计筛余百分率，精确至0.1%。以累计筛余百分率对照标准规定，进行评定。

10. 碎石或卵石的表观密度试验（简易法）

（1）仪器设备。

1）烘箱。同前。

2）秤。称量20kg，感量20g。

3）广口瓶。1000mL，磨口，并带有玻璃片。

4）试验筛。孔径为5mm的方孔筛一只。

5）毛巾、刷子等。

（2）试样制备。将来样筛去5mm以下的颗粒，用四分法缩分至略大于表4-14所规定的量的两倍，洗刷干净后，分成两份备用。

（3）试验步骤。

1）将试样浸水饱和，装入广口瓶。装时瓶应斜放。向瓶内注入饮用水，用玻璃片覆盖瓶口，上下左右摇晃以排除气泡。

2）气泡排尽，向瓶中加饮用水至凸出瓶口，用玻璃片沿瓶口迅速滑行，使其紧贴瓶口水面。擦干瓶外水分，称试样、水、瓶和玻璃片的总质量（m_1）。

3）将瓶中的试样倒入浅盘中，在105℃±5℃的烘箱中烘干至质量恒定。取出后在带盖的容器中冷却至室温，称其质量（m_0）。

4）将广口瓶洗净，重新注入饮用水，用玻璃片紧贴瓶口水面，擦干瓶外水分后称其质量（m_2）。

注：各项称量可在15～25℃的温度下进行，但从试样加水静置的最后2h起，至试验结束的温差，不应超过2℃。

（4）计算及结果。表观密度 ρ 按下式计算，精确至10kg/m³：

$$\rho = \left(\frac{m_0}{m_0 + m_2 - m_1} - a_t \right) \times 1000 \qquad (4 \text{-} 13)$$

式中　m_0——烘干后试样质量，g；

　　　m_1——试样、水、瓶和玻璃片的总质量，g；

　　　m_2——水、瓶和玻璃片的质量，g；

　　　a_t——水温影响的修正系数，见表4-14。

以两次试验结果的算术平均值作为测定值，如两次结果之差大于20kg/m³，应重新取样进行试验。对颗粒材质不均匀的试样，如两次试验结果之差超过规定，可取四次测定结果的算术平均值作为测定值。

11. 碎石或卵石的堆积密度和紧密度试验

（1）仪器设备。

1）秤。称量10kg，感量10g；

2）容量筒。金属制，其规格见表4-15。

表4-15　　　　　　　　容量筒的选用规定

碎石或卵石最大粒径/mm	容量筒容积/L	容量筒规格/mm		筒壁厚/mm
		内径	净高	
10、16、20、25	10	208	294	2
31.5、40	20	294	294	3
63、80	30	360	294	4

注：　测定紧密密度时，对最大公称粒径为31.5mm、40mm的骨料，可用10L容量筒；对最大公称粒径为63mm、80mm的骨料，可用20L的容量筒。

3）烘箱。同前。

4）平头铁锹。

（2）试样制备。称约等于表 4 - 16 规定质量的试样，在 105℃±5℃ 的烘箱中烘干，或摊在清洁的地面上风干，拌匀后分成两份备用。

表 4 - 16　　　　　　　　石子堆积密度试验试样的低限

最大粒径/mm	10	16	20	25	31.5	40	63	80
试样质量/kg	40	40	40	40	80	80	120	120

（3）测堆积密度。取一份试样，置于平整干净的地板或铁板上，用平头铁锹铲起试样，自距离容量筒上口 5cm 左右高度，使其自由落入。装满后，除去筒口以上的颗粒，并以合适的颗粒填入凹陷处。最后使凸凹部分的体积大致相等。称出此时试样与筒的总质量（m_2），再称空筒的质量（m_1）。

（4）测紧密密度。取试样一份，分三层装入容量筒。装完一层在筒底垫放一根直径为 25mm 的钢筋，将筒按住并左右交替颠击地面 25 下。然后装入第二层，把垫放的钢筋方向转 90°，再如法颠击。待第三层试样装至超出筒口止，用钢筋沿筒口滚动找平，用适当的颗粒填补凹处，使表面凸起和凹入大致相等，称出此时试样与筒的总质量（m_2），再称空筒的质量（m_1）。

（5）计算和评定。堆积密度 ρ_L 或紧密密度 ρ_c，按式（4 - 14）计算，精确至 10kg/m³。

$$\rho_L（或 \rho_c）= \frac{m_2 - m_1}{V} \times 1000 \qquad (4 - 14)$$

式中　m_2——容量筒和试样的总质量，kg；

　　　m_1——容量筒的质量，kg；

　　　V——容量筒的体积，L。

以两次试验的算术平均值为计算结果。

三、砖及砌块检验

1. 砌墙砖抗压强度试验

抗压强度试验按《砌墙砖试验方法》（GB/T 2542—2012）进行。其中砖样数量为 10 块。试验机的示值相对误差不大于 ±1%，其下加压板应为球铰支座，预期最大破坏荷载应为量程的 20%～80%。

（1）试件制备。将试样切断或锯成两个半截砖，断开的半截砖长不得小于 100mm，如果不足 100mm，应另取备用试样补足。

在试样制备平台上，将已断开的半截砖放入室温的净水中浸 10～20min 后取出，并以断口相反方向叠放，两者中间抹以厚度不超过 5mm 的用 32.5 强度等级普通硅酸盐水泥调制成稠度适宜的水泥净浆黏结。上下两面用厚度不超过 3mm 的同种水泥浆抹平。制成的试件上下两面须相互平行，并垂直于侧面（图 4-10）。

制成的抹面试件，应置于不低于 10℃的不通风室内养护 3d，再进行试验。

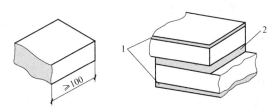

图 4-10 水泥净浆层厚度示意图

1—净浆层厚 3mm；2—净浆层厚 5mm

（2）试验步骤。

1）测量每个试件连接面或受压面的长、宽尺寸各两个，分别取其平均值，精确至 1mm。

2）将试件平放在加压板的中央，垂直于受压面加荷，应均匀平稳，不得发生冲击或振动。加荷速度以 5kN/s±0.5kN/s 为宜，直至试件破坏为止，记录最大破坏荷载 P。

（3）结果计算与评定。

1）计算。每块试样的抗压强度 f_i，按下式计算，精确至 0.01MPa。

$$f_i = \frac{P}{LB} \qquad (4-15)$$

式中　f_i——抗压强度，MPa；

　　　P——最大破坏荷载，N；

　　　L——受压面（连接面）的长度，mm；

　　　B——受压面（连接面）的宽度，mm。

试验后分别计算出强度变异系数 δ、标准差 s。

$$\delta = \frac{s}{f} \qquad (4-16)$$

$$s = \sqrt{\frac{1}{9} \sum_{i=1}^{10} (f_i - \overline{f})^2} \qquad (4-17)$$

式中　δ——砖强度变异系数，精确至0.01；

　　　s——10块试样的抗压强度标准差，精确至0.01MPa；

　　　$\bar{f}$——10块试样的抗压强度平均值，精确至0.01MPa；

　　　f_i——单块式样抗压强度测定值，精确至0.01MPa。

2）结果计算与评定。

①平均值—标准值方法评定。变异系数$\delta \leqslant 0.21$时，按表4-18中抗压强度平均值（$\bar{f}$）、强度标准值（f_k）指标评定砖的强度等级。

样本量$n=10$时的强度标准值按下式计算：

$$f_k = \bar{f} - 1.8s \qquad (4-18)$$

式中　f_k——强度标准值，精确至0.1MPa。

②平均值—最小值方法评定。变异系数$\delta > 0.21$时，按表4-18中抗压强度平均值（$\bar{f}$）、单块最小抗压强度值（f_{min}）评定砖的强度等级，单块最小抗压强度值精确至0.1MPa。

强度等级的试验结果应符合表4-17的规定。

表4-17　　　　　　　　　烧结普通砖强度等级指标　　　　　　　（单位：MPa）

强度等级	抗压强度平均值$\bar{f}$，$\geqslant$	变异系数$\delta \leqslant 0.21$	变异系数$\delta > 0.21$
		强度标准值f_k，$\geqslant$	单块最小抗压强度值f_{min}，$\geqslant$
MU30	30.0	22.0	25.0
MU25	25.0	18.0	22.0
MU20	20.0	14.0	16.0
MU15	15.0	10.0	12.0
MU10	10.0	6.5	7.5

2. 普通混凝土小型空心砌块抗压强度试验

（1）设备。

1）材料试验机。示值误差应不大于2%，其量程选择应能使试件的预期破坏荷载落在满量程的20%～80%。

2）钢板。厚度不小于10mm，平面尺寸应大于440mm×240mm。钢板的一面需平整，精度要求在长度方向范围内的平面度不大于0.1mm。

3）玻璃平板。厚度不小于6mm，平面尺寸与钢板的要求同。

4）水平尺。

（2）试件：试件数量为 5 个砌块。处理试件的坐浆面和铺浆面，使之成为互相平行的平面。将钢板置于稳固的底座上，平整面向上，用水平尺调至水平。在钢板上先薄薄地涂一层机油，或铺一层湿纸，然后铺一层以 1 份重量的 32.5 强度等级以上的普通硅酸盐水泥和 2 份细砂，加入适量的水调成的砂浆，将试件的坐浆面湿润后平稳地压入砂浆层内，使砂浆层尽可能均匀，厚度为 3～5mm。将多余的砂浆沿试件棱边刮掉。静置 24h 以后，再按上述方法处理试件的铺浆面。为使两面能彼此平行，在处理铺浆面时应将水平尺置于现已向上的坐浆面上调至水平。在温度 10℃以上不通风的室内养护 3d 后作抗压强度试验。

为缩短时间，也可在坐浆面砂浆层处理后，不经静置立即在向上的铺浆面上铺一层砂浆、压上事先涂油的玻璃平板，边压边观察砂浆层，将气泡全部排除，并用水平尺调至水平，直至砂浆层平面均匀，厚度达 3～5mm。

（3）试验步骤。按标准方法测量每个试件的长度和宽度（长度在条面的中间，高度在顶面的中间测量，每项在对应两面各测一次，精确至 1mm），分别求出各个方向的平均值，精确至 1mm。

将试件置于试验机承压板上，使试件的轴线与试验机压板的压力中心重合，以 10～30kN/s 的速度加荷直至试件破坏，记录最大破坏荷载 P。

若试验机压板不足以覆盖试件受压面时，可在试件的上、下承压面加辅助钢压板。辅助钢压板的表面光洁度应与试验机原压板相同，其厚度至少为原压板边至辅助钢压板最远角距离的三分之一。

（4）结果计算与评定。每个试件的抗压强度按下式计算，精确至 0.1MPa。

$$R = \frac{P}{LB} \tag{4-19}$$

式中　R——试件的抗压强度，MPa；

　　　P——破坏荷载，N；

　　　L——受压面的长度，mm；

　　　B——受压面的宽度，mm。

试验结果以五个试件抗压强度的算术平均值和单块最小值表示，精确至 0.1MPa。

四、建筑钢筋检验

1. 建筑用钢材的性质

（1）钢材的性质。钢材的性质包括强度、弹性、塑性、韧性以及硬度等内容。

1）抗拉强度。建筑钢材的抗拉强度包括屈服强度、极限抗拉强度、疲劳强度。

①屈服强度（或称为屈服极限）。钢材在静载作用下，开始丧失对变形的抵抗能力，并产生大量塑性变形时的应力。如图4-11所示，在屈服阶段，锯齿形的最高点所对应的应力称为上屈服点（$B_{上}$）；最低点对应的应力称为下屈服点（$B_{下}$）。因上屈服点不稳定，所以国家标准规定以下屈服点的应力作为钢材的屈服强度，用σ_s表示。中、高碳钢没有明显的屈服点，通常以残余变形为0.2%的应力作为屈服强度，用$\sigma_{0.2}$表示，如图4-12所示。

屈服强度对钢材的使用有着重要的意义，当构件的实际应力达到屈服点时，将产生不可恢复的永久变形，这在结构中是不允许的，因此屈服强度是确定钢材允许应力的主要依据。

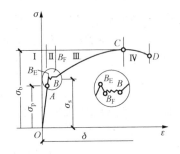

图4-11　低碳钢拉伸σ-ε图　　图4-12　中、高碳钢的条件屈服点

②极限抗拉强度（简称抗拉强度）。钢材在拉力作用下能承受的最大拉应力，如图4-12所示第Ⅲ阶段的最高点。抗拉强度虽然不能直接作为计算的依据，但屈服强度和抗拉强度的比值即屈强比，用$\dfrac{\sigma_s}{\sigma_b}$表示，在工程上很有意义。屈强比越小，结构的可靠性越高，即防止结构破坏的潜力越大；但此值太小时，钢材强度的有效利用率太低，合理的屈强比一般为0.6～0.75。因此屈服强度和抗拉强度是钢材力学性质的主要检验指标。

③疲劳强度。钢材承受交变荷载的反复作用时，可能在远低于屈服强度时突然发生破坏，这种破坏称为疲劳破坏。钢材疲劳破坏的指标即疲劳强度，或称疲劳极限。疲劳强度是试件在交变应力作用下，不发生疲劳破坏的最大主应力值，一般把钢材承受交变荷载10^6～10^7次时不发生破坏的最大应力作为疲劳强度。

2）弹性。从图4-12可以看出，钢材在静荷载作用下，受拉的OA阶段，应力和应变成正比，这一阶段称为弹性阶段，具有这种变形特征的性质称为弹性。在此阶段中应力和应变的比值称为弹性模量，即$E=\dfrac{\sigma}{\varepsilon}$——，单位为MPa。

弹性模量是衡量钢材抵抗变形能力的指标，E越大，使其产生一定量弹性变形的应力值也越大；在一定应力下，产生的弹性变形越小。在工程上，弹性模量反映了钢材的刚度，是钢材在受力条件下计算结构变形的重要指标。建筑常用碳素结构钢Q235的弹性模量$E＝（2.0～2.1）×10^5 MPa$。

3）塑性。建筑钢材应具有很好的塑性，在工程中，钢材的塑性通常用伸长率（或断面收缩率）和冷弯来表示。

①伸长率。是指试件拉断后，标距长度的增量与原标距长度之比，符号为δ，常以百分比表示，如图4-13所示。

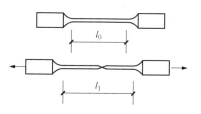

图4-13 钢材的伸长率

$$\delta = \frac{l_1 - l_0}{l_0} \times 100\% \qquad (4-20)$$

②断面收缩率。是指试件拉断后，颈缩处横截面积的减缩量占原横截面积的百分比，符号为ϕ，常以百分比表示。

为了测量方便，常用伸长率表征钢材的塑性。伸长率是衡量钢材塑性的重要指标，δ越大，说明钢材塑性越好。伸长率与标距有关，对于同种钢材$\delta_5 > \delta_{10}$。

③冷弯。是指钢材在常温下承受弯曲变形的能力。冷弯是通过检验试件经规定的弯曲程度后，弯曲处外面及侧面有无裂纹、起层、鳞落和断裂等情况进行评定的。一般用弯曲角度α，以及弯心直径d与钢材厚度或直径a的比值来表示。如图4-14所示，弯曲角度越大，而d与a的比值越小，表明冷弯性能越好。

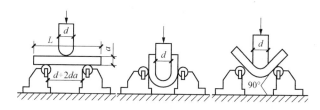

图4-14 钢材冷弯试验

d—弯心直径；a—试件厚度或直径

冷弯也是检验钢材塑性的一种方法，并与伸长率存在密切的联系，伸长率大的钢材，其冷弯性能必然好，但冷弯试验对钢材塑性的评定比拉伸试验更严格、更敏感。冷弯有助于暴露钢材的某些缺陷，如气孔、杂质和裂纹等。在焊接时，局部脆性及接头缺陷都可通过冷弯发现，所以钢材的冷弯不仅是评定塑性、加工性能的要求，而且也是评定焊接质量的重要指标之一。对于重要结构和弯曲成型的钢材，冷弯必须合格。

塑性是钢材的重要技术性质，尽管结构是在弹性阶段使用的，但其应力集中处，应力可能超过屈服强度，一定的塑性变形能力，可保证应力重新分配，从而避免结构的破坏。

4）冲击韧性。冲击韧性是指钢材抵抗冲击荷载而不破坏的能力。规范规定是以刻槽的标准试件，在冲击试验的摆锤冲击下，以破坏后缺口处单位面积上所消耗的功来表示，符号为 a_k，单位为 J，如图 4-15 所示。a_k 越大，冲断试件消耗的能量越多，或者说钢材断裂前吸收的能量越多，钢材的韧性越好。

钢材的冲击韧性与钢的化学成分，冶炼与加工有关。一般来说，钢材中的 P、S 含量较高，钢材中的夹杂物，以及焊接中形成的微裂纹等都会降低冲击韧性。

此外，钢的冲击韧性还受温度和时间的影响。常温下，随温度的下降，冲击韧性降低很小，此时破坏的钢件断口呈韧性断裂状；当温度降至某一温度范围时，a_k 突然发生明显下降，如图 4-16 所示，钢材开始呈脆性断裂，这种性质称为冷脆性，发生冷脆性时的温度（范围）称为脆性临界温度（范围）。低于这一温度时，a_k 降低趋势又缓和，但此时 a_k 值很小。在北方严寒地区选用钢材时，必须对钢材的冷脆性进行评定，此时选用的钢材的脆性临界温度应比环境最低温度低些。由于脆性临界温度的测定工作复杂，规范中通常是根据气温条件规定 $-20℃$ 或 $-40℃$ 的负温冲击值指标。

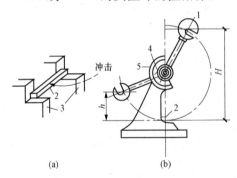
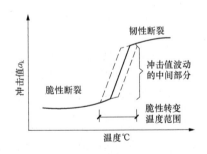

图 4-15　冲击韧性试验原理图

（a）试件装置；（b）摆冲式试验机工作原理图

1—摆锤；2—试件；3—试验台；4—刻度盘；5—指针

图 4-16　温度对冲击韧性的影响

5）硬度。硬度是在表面局部体积内，抵抗其他较硬物体压入而产生塑性变形的能力，通常与抗拉强度有一定的关系。目前测定钢材硬度的方法很多，最常用的为布氏硬度，以 HB 表示。

建筑钢材常以屈服强度、抗拉强度、伸长率、冷弯、冲击韧性等性质作为评定牌号的依据。

（2）钢材的组成对其性质的影响。

1）钢材的组成。钢是铁碳合金，除铁、碳外，由于原料、燃料、冶炼过程等因素使钢材中存在大量的其他元素，如硅、氧、硫、磷、氮等，合金钢是为了改性而有意加入一些元素的钢材，如加入锰、硅、钒、钛等。

钢材中铁和碳原子的结合有三种基本形式：固溶体、化合物和机械混合物。固溶体是以铁为溶剂，碳为溶质所形成的固体溶液，铁保持原来的晶格，碳溶解其中；化合物是 Fe、C 化合成化合物（Fe_3C），其晶格与原来的晶格不同；机械混合物是由上述固溶体与化合物混合而成。所谓钢的组织就是由上述的单一结合形式或多种形式构成的，具有一定形态的聚合体。钢材的基本组织有铁素体、渗碳体和珠光体三种。

①铁素体是碳在铁中的固溶体，由于原子之间的空隙很小，对 C 的溶解度也很小，接近于纯铁，因此它赋予钢材以良好的延展性、塑性和韧性，但强度、硬度很低。

②渗碳体是铁和碳组成的化合物 Fe_3C，含碳量达 6.67%，性质硬而脆，是碳钢的主要强度组分。

③珠光体是铁素体和渗碳体的机械混合物，其强度较高，塑性和韧性介于上述两者之间。

三种基本组织的力学性质见表 4-18。

表 4-18　　　　　　　　　　基本组织成分及力学性质

名称	组织成分	抗拉强度 /MPa	延伸率 （%）	布氏硬度 HB
铁素体	钢的晶体组织中溶有少量碳的纯铁	343	40	80
珠光体	由一定比例的铁素体和渗碳体所组成（含碳量为 0.80%）	833	10	200
渗碳体	钢的晶体组织中的碳化铁（Fe_3C）晶粒	343 以下	0	600

当 C 含量等于 0.8% 时全部具有珠光体的钢称为共析钢；当 C 含量低于 0.8% 时的钢称为亚共析钢；当 C 含量高于 0.8% 时的钢称为过共析钢。建筑钢

材都是亚共析钢。钢材共析、含碳量与组织成分的关系见表4-19。

表4-19 共析与含碳量的关系

名　称	含　碳　量	组　织　成　分
亚共析钢	<0.80	珠光体+铁素体
共析钢	0.80	珠光体
过共析钢	>0.80	珠光体+渗碳体

2）化学成分对钢材性质的影响。

①碳。碳是决定钢材性质的主要元素，碳对钢材力学性质影响如图4-17所示。随着含碳量的增加，钢材的强度和硬度相应提高，而塑性和韧性相应降低。当含碳量超过1%时，钢材的极限强度开始下降。此外，含碳量过高还会增加钢的冷脆性和时效敏感性，降低抗大气腐蚀性和可焊性。

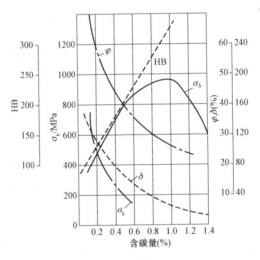

图4-17 含碳量对热轧碳素钢性质的影响

σ_b—抗拉强度；a_k—冲击韧性；HB—硬度；

δ—伸长率；ϕ—断面收缩率

②磷、硫。磷与碳相似，能使钢的屈服点和抗拉强度提高，塑性和韧性下降，显著增加钢的冷脆性，磷的偏析较严重，焊接时焊缝容易产生冷裂纹，所以磷是降低钢材可焊性的元素之一。因此在碳钢中，磷的含量有严格的限制，但在合金钢中，磷可改善钢材的抗大气腐蚀性，也可作为合金元素。

硫在钢材中以FeS形式存在，FeS是一种低熔点化合物，当钢材在红热状态下进行加工或焊接时，FeS 已熔化，使钢的内部产生裂纹，这种在高温下产生裂纹的特性称为热脆性。热脆性大大降低了钢的热加工性和可焊性。此外，硫偏析较严重，降低了冲击韧性、疲劳强度和抗腐蚀性，因此在碳钢中，也要严格限制硫含量。

③氧、氮。氧和氮都能部分溶于铁素体中，大部分以化合物形式存在，这些非金属夹杂物，降低了钢材的力学性质，特别是严重降低了钢的韧性，并能促进时效，降低可焊性，所以在钢材中氧和氮都有严格的限制。

④硅、锰。硅和锰是在炼钢时为了脱氧去硫而有意加入的元素。由于硅与氧的结合能力很大，因而能夺取氧化铁中的氧形成二氧化硅进入钢渣中，其余大部分硅溶于铁素体中，当含量较低时（<1%），可提高钢的强度，对塑性、韧性影响不大。锰对氧和硫的结合力分别大于铁对氧和硫的结合力，因此锰能使有害的 FeO、FeS 分别形成 MnO、MnS 进入钢渣中，其余的锰溶于铁素体中，使晶格歪扭阻止滑移变形，显著地提高了钢的强度。

总之，化学元素对钢材性能有着显著的影响，因此在钢材标准中都对主要元素的含量加以规定。化学元素对钢材性能的影响见表 4 - 20。

表 4 - 20　　　　　　　化学元素对钢材性能的影响

化学元素	对钢材性能的影响
碳（C）	C↑强度、硬度↑，塑性、韧性↓，可焊性、耐蚀性↓，冷脆性、时效敏感性↑；C 含量>1%，C↑强度↓
硅（Si）	Si 含量<1%，Si↑强度↑；Si 含量>1%，Si↑塑性韧性↓↓，可焊性↓、冷脆性↑
锰（Mn）	Mn↑强度、硬度、韧性↑，耐磨、耐蚀性↑，热脆性↓，Si、Mn 为主加合金元素
钛（Ti）	Ti↑强度↑↑，韧性↑，塑性、时效↓
钒（V）	V↑强度↑，时效↓
铌（Nb）	Nb↑强度↑，塑性、韧性↑，Ti、V、Nb 为常用合金元素
磷（P）	P↑强度↑，塑性、韧性、可焊性↓↓，偏析、冷脆性↑↑，耐蚀性↓
氮（N）	与 C、P 相似，在其他元素配合下 P、N 可作合金元素
硫（S）	S↑偏析↑力学性能、耐蚀性、可焊性↓↓
氧（O）	O↑力学性能、可焊性↓，时效↑，S、O 属杂质

注：　本表中↑表示提高，↑↑表示显著提高。

2. 建筑用钢筋的技术要求

建筑钢材的实物质量主要是看所送检的钢材是否满足规范及相关标准要求，现场所检测的建筑钢材尺寸偏差是否符合产品标准规定，外观缺陷是否在标准规定的范围内。对于建筑钢材的锈蚀现象验收方也应进行足够的重视。

（1）钢筋混凝土用热轧带肋钢筋。钢筋混凝土用热轧带肋钢筋的力学和冷弯性能应符合表 4 - 21 的规定。

表 4 - 21　　　　　　　　　　　　热轧带肋钢筋力学性能

牌号	R_{eL}/MPa	R_m/MPa	A（%）	A_{gt}（%）
	不小于			
HRB335 HRBF335	335	455	17	
HRB400 HRBF400	400	540	16	7.5
HRB500 HRBF500	500	630	15	

1）钢筋的屈服强度 R_{eL}、抗拉强度 R_m、断后伸长率 A、最大力总伸长率 A_{gt} 等力学性能特征值应符合表 4 - 21 的规定。表 4 - 21 所列各力学性能特征值，可作为交货检验的最小保证值。

2）直径 28～40mm 各牌号钢筋的断后伸长率 A 可降低 1%；直径大于 40mm 各牌号钢筋的断后伸长率 A 可降低 2%。

3）弯曲性能。按表 4 - 22 规定的弯芯直径弯曲 180°后，钢筋受弯部位表面不得产生裂纹。

表 4 - 22　　　　　　　　　　热轧带肋钢筋弯曲性能　　　　　　　（单位：mm）

牌　　号	公称直径 d	弯芯直径
HRB335 HRBF335	6～25	3d
	28～40	4d
	40～50	5d
HRB400 HRBF400	6～25	4d
	28～40	5d
	40～50	6d
HRB500 HRBF500	6～25	6d
	28～40	7d
	40～50	8d

热轧带肋钢筋的力学和冷弯性能检验应按批进行。每批应由同牌号、同一炉罐号、同一规格的钢筋组成，每批重量不大于 60t。力学性能检验的项目有拉伸试验和冷弯试验等两项，需要时还应进行反复弯曲试验。

①拉伸试验。每批任取 2 支切取 2 件试样进行拉伸试验。拉伸试验包括屈服点、抗拉强度和伸长率等三项。

②冷弯试验。每批任取 2 支切取 2 件试样进行 180°冷弯试验。冷弯试验时，受弯部位外表面不得产生裂纹。

③反复弯曲。需要时，每批任取 1 件试样进行反复弯曲试验。

④取样规格。拉伸试样：500～600mm；弯曲试样：200～250mm。（其他钢筋产品的试样也可参照此尺寸截取）。

各项试验检验的结果符合上述规定时，该批热轧带肋钢筋为合格。如果有一项不合格，则从同一批中再任取双倍数量的试样进行该不合格项目的复检。如仍有一项不合格，则该批为不合格。

根据规定应按批检查热轧带肋钢筋的外观质量。钢筋表面不得有裂纹、结疤和折叠。钢筋表面允许有凸块，但不得超过横肋的高度，钢筋表面上其他缺陷的深度和高度不得大于所在部位尺寸的允许偏差。

根据规定应按批检查热轧带肋钢筋的尺寸偏差。钢筋的内径尺寸及其允许偏差应符合表 4 - 23 的规定。测量精确到 0.1mm。

表 4 - 23 　　　　　　　热轧带肋钢筋内径尺寸及其允许偏差　　　　（单位：mm）

公称直径	6	8	10	12	14	16	18	20	22	25	28	32	36	40	50
内径尺寸	5.8	7.7	9.6	11.5	13.4	15.4	17.3	19.3	21.3	24.2	27.2	31.0	35.0	38.7	48.5
允许偏差	±0.3	±0.4						±0.5			±0.6			±0.7	±0.8

（2）钢筋混凝土用热轧光圆钢筋。钢筋混凝土用热轧光圆钢筋的力学和冷弯性能应符合表 4 - 24 的规定。

表 4 - 24 　　　　　　　热轧光圆钢筋力学性能特征值

牌　　号	R_{eL}/MPa	R_m/MPa	A（％）	A_{gt}（％）	冷弯试验 180° d—弯芯直径 a—钢筋公称直径
	不小于				
HPB235	235	370	25.0	10.0	$d=a$
HPB300	300	420			

热轧光圆钢筋的力学和冷弯性能检验应按批进行。每批应由同一牌号、同一炉罐号、同一规格、同一交货状态的钢筋组成，每批重量不大于60t。力学和冷弯性能检验的项目有拉伸试验和冷弯试验两项。

1）拉伸试验。每批任选2支切取2件试样，进行拉伸试验。拉伸试验包括屈服点、抗拉强度和伸长率等三项。

2）冷弯试验。每批任选2支切取2件试样，进行180°冷弯试验。冷弯试验时，受弯部位外表面不得产生裂纹。

各项试验检验的结果符合上述规定时，该批热轧光圆钢筋为合格。如果有一项不合格，则从同一批中再任取双倍数量的试样进行该不合格项目的复检。如仍有一项不合格，则该批为不合格。

根据规定应按批检查热轧光圆钢筋的外观质量。钢筋表面不得有裂纹、结疤和折叠。钢筋表面的凸块和其他缺陷的深度和高度不得大于所在部位尺寸的允许偏差。

根据规定应按批检查热轧光圆钢筋的尺寸偏差。钢筋的直径允许偏差不超过±0.4mm，不圆度不大于0.4mm。钢筋的弯曲度每米不大于4mm，总弯曲度不大于钢筋总长度的0.4%。测量精确到0.1mm。

（3）低碳钢热轧圆盘条。建筑用低碳钢热轧圆盘条的力学和冷弯性能应符合表4-25的规定。直径大于12mm的盘条，冷弯性能指标由供需双方协商确定。

表4-25　　　　　　　建筑用低碳钢热轧圆盘条力学和冷弯性能

牌号	抗拉强度 σ_b/MPa 不大于	伸长率 δ_{10}（％）不小于	冷弯试验180° d—弯心直径 a—钢筋直径
Q195	410	30	$d=0$
Q215	435	28	$d=0$
Q235	500	23	$d=0.5a$
Q275	540	21	$d=1.5a$

盘条的力学和冷弯性能检验应按批进行。每批应由同一牌号、同一炉罐号、同一尺寸的盘条组成，每批重量不大于60t。力学和冷弯性能检验的项目有拉伸试验和冷弯试验两项。

1）拉伸试验。每批取1件试样进行拉伸试验。拉伸试验包括屈服点、抗拉强度、伸长率等三项。

2）冷弯试验。每批在不同盘上取 2 件试样进行 180°冷弯试验。冷弯试验时受弯部位外表面不得产生裂纹。

各项试验检验的结果符合上述规定时，该批低碳钢热轧圆盘条为合格。如果有一项不合格，则从同一批中再任取双倍数量的试样进行该不合格项目的复检。如仍有一项不合格，则该批为不合格。

根据规定应逐盘检查低碳钢热轧圆盘条的外观质量。盘条表面应光滑，不得有裂纹、折叠、耳子、结疤等。盘条不得有夹杂及其他有害缺陷。

根据规定应逐盘检查低碳钢热轧圆盘条的尺寸偏差。钢筋的直径允许偏差不大于 ±0.45mm，不圆度（同一截面上最大直径和最小直径之差）不大于 0.45mm。

（4）冷轧带肋钢筋。钢筋的力学性能和工艺性能应符合表 4-26 的规定。当进行弯曲试验时，受弯曲部位表面不得产生裂纹。反复弯曲试验的弯曲半径应符合表 4-27 的规定。

表 4-26　　　　　　　力学性能和工艺性能

牌号	$R_{p0.2}$不小于 /MPa	R_m不小于 /MPa	伸长度不小于 （%）		弯曲试验 180°	反复弯曲次数	应力松弛 初始应力相当于公称抗拉强度的70%
			$A_{11.3}$	A_{100}			1000h 松弛率不大于/%
CRB550	500	550	8.0	—	$D=3d$	—	—
CRB650	585	650	—	4.0	—	3	8
CRB800	720	800	—	4.0	—	3	8
CRB970	875	970	—	4.0	—	3	8

注：表中 D 为弯心直径，d 为钢筋公称直径。

表 4-27　　　　　　　反复弯曲试验的弯曲半径

钢筋公称直径/mm	4	5	6
弯曲半径/mm	10	15	15

冷轧带肋钢筋的力学和冷弯性能检验应按批进行。每批应由同一牌号、同一规格和同一级别的钢筋组成。每批重量不大于 50t。力学和冷弯性能检验的项目有拉伸试验和冷弯试验两项。

1）拉伸试验。每盘任意端截取 500mm 后切取 1 件试样进行拉伸试验。拉伸试验包括屈服点、抗拉强度和伸长率三项。

2）冷弯试验。每批任取2盘切取2件试样进行180°冷弯试验。冷弯试验时，受弯部位外表面不得产生裂纹。

各项试验检验的结果符合上述规定时，该批冷轧带肋钢筋为合格。如果有一项不合格，则从同一批中再任取双倍数量的试样进行该不合格项目的复检。如仍有一项不合格，则该批为不合格。

根据规定应按批检查冷轧带肋钢筋的外观质量。钢筋表面不得有裂纹、结疤、折叠、油污及其他影响使用的缺陷，钢筋表面可有浮锈，但不得有锈皮及肉眼可见的麻坑等腐蚀现象。

根据规定应按批检查冷轧带肋钢筋的尺寸偏差。冷轧带肋钢筋尺寸、重量的允许偏差应符合标准规定。

（5）钢筋混凝土用余热处理钢筋。钢筋混凝土用余热处理钢筋的力学和冷弯性能应符合表4-28的规定。

表4-28　　　　　　　　余热处理钢筋力学和冷弯性能

表面形状	钢筋级别	强度等级代号	公称直径/mm	屈服点 σ_s 不小于/MPa	抗拉强度 σ_b 不小于/MPa	伸长率 δ_5 不小于/%	冷弯 d—弯心直径 a—钢筋直径
月牙肋	Ⅲ	KL400	8～25 28～40	440	600	14	90° $d=3a$ 90° $d=4a$

余热处理钢筋的力学和冷弯性能检验应按批进行。每批应由同一牌号、同一炉罐号、同一规格的钢筋组成，每批重量不大于60t。力学性能检验的项目有拉伸试验和冷弯试验两项。

1）拉伸试验。每批任取2支切取2件试样进行拉伸试验。拉伸试验包括屈服点、抗拉强度和伸长率等三项。

2）冷弯试验。每批任取2支切取2件试样进行90°冷弯试验。冷弯试验时受弯部位外表面不得产生裂纹。

各项试验检验的结果符合上述规定时，该批余热处理钢筋为合格。如果有一项不合格，则从同一批中再任取双倍数量的试样进行该不合格项目的复检。如仍有一项不合格，则该批为不合格。

3. 钢筋拉伸试验

（1）目的。通过试验得到钢筋在拉伸过程中应力与应变的关系曲线。测定出钢筋的屈服强度、抗拉强度和伸长率三个重要指标。从而检验钢筋的力学及工艺性能。

（2）主要仪器设备。万能试验机（量程选择应以所测量值处于该试验机最大量程的 $20\%\sim80\%$ 内）、钢板尺、游标卡尺等。

（3）试样制备。

1）钢筋长度。

$$L \geqslant L_0 + 3a + 2h \qquad (4-21)$$

式中 L_0——原始标距，$L_0=5a$，其计算值应修约至最接近 5mm 的倍数，中间值向较大一方修约；

a——钢筋直径，mm；

h——试验时，夹持长度，mm。

2）若钢筋的自由长度（夹具间非夹持部分的长度）比原始标距大许多，可在自由长度范围内做出 10mm、5mm 的等间距标记，以便在拉伸试验后根据钢筋的断裂位置选择合适的原始标记。

（4）试验步骤。

1）将试件固定在试验机夹具内，应使试件在加荷时受轴向拉力作用。

2）调整试验机测力度盘指针，使其对准零点，拨动副指针使之与主指针重叠。

3）开动试验机进行拉伸，应力增加速度应保持并恒定在表 4-29 规定的范围内，直至钢筋断裂。

表 4-29 钢筋拉伸试验加荷速度

钢筋的弹性模量 E / (N/mm^2)	应力速率/$[(N/mm^2)\cdot s^{-1}]$	
	最小	最大
$<1.5\times10^5$	2	20
$\geqslant1.5\times10^5$	6	60

注：热轧带肋钢筋的弹性模量约为 2×10^5 MPa。

4）试验时，应记录其拉伸图，如图 4-14 所示。

（5）结果计算。

1）强度计算。

①从拉伸图或测力盘读取，屈服阶段的最小力或屈服平台的恒定力 F_{EL}，按下式计算屈服强度（R_{EL}）：

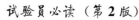

$$R_{EL} = \frac{F_{EL}}{S_0} \qquad\qquad (4-22)$$

②从拉伸图或测力盘读取试验过程中的最大力 F_m，按下式计算抗拉强度（R_m）：

$$R_m = \frac{F_m}{S_0} \qquad\qquad (4-23)$$

③强度数值修约至1MPa($R \leqslant 200MPa$)，5MPa($200MPa < R < 1000MPa$)。

2）伸长率计算。

①选取拉伸前标记间距为 $5a$（a 为钢筋公称直径）的两个标记为原始标距（L_0）的标记。原则上只有断裂部位处在原始标距中间三分之一的范围内为有效。但伸长率大于或等于规定值，不管锻裂位置处于何处，测量均为有效。

②将已拉断试件的两段，在断裂处对齐使其轴线处于同一直线上，并确保试件断裂部位适当接触后测量试件断裂后标距，精确到±0.25mm。

③按下式计算伸长率 A（精确至 0.5%）

$$A = \frac{L_u - L_0}{L_0} \times 100\% \qquad\qquad (4-24)$$

式中　A——伸长率，%；

　　　L_u——断后标距，mm；

　　　L_0——原始标距，mm。

（6）复验与判定。在拉伸试验的两根试件中，如果其中一根试件的屈服强度、抗拉强度和伸长率三个指标中有一个指标达不到钢筋标准中的规定数值，应再抽取双倍（四根）钢筋，制取双倍（四根）试件重作试验，如仍有一根试件的任一指标达不到标准规定数值，则拉伸试验项目判为不合格。

4．钢筋冷弯试验

（1）目的。检验钢筋承受规定弯曲程度的变形能力，从而了解其可加工性能。

（2）主要仪器设备。压力机或万能试验机、弯曲装置（可采用支辊式、V形模具式、虎钳式、翻板式弯曲装置）。

（3）试验步骤。

1）采用支辊式弯曲装置时，试件长度 $L \approx 0.5\pi(d/2 + a) + 140mm$。

2）按表4-30确定弯曲压头直径 d 和弯曲角度 α。

3）调节支辊间距为 $l = (d + 3a) \pm 0.5a$，并应在试验期间保持此间距保持不变。

表 4 - 30 　　　　　　　　钢筋冷弯的弯心直径和弯曲角度

钢筋牌号	公称直径 a/mm	弯心直径 d/mm	弯曲角度 α
HPB300	6~22	a	
HRB335	6~25	$3a$	
	28~50	$4a$	
HRB400	6~25	$4a$	180°
	28~50	$5a$	
HRB500	6~25	$6a$	
	28~50	$7a$	

4）将钢筋试件放于两支辊上（图 4-18），试件轴线应与弯曲压头轴线垂直，弯曲压头在两支座中点处对试件平稳地施加荷载使其弯曲到 180°。如不能直接达到 180°，应将试件置于两平行压板之间，连续加荷，直至达到 180°（图 4-19）。试验时可以加或不加垫块。

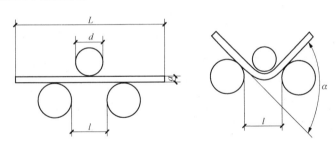

图 4-18　支辊式弯曲装置

（4）结果评定。检查试件弯曲处外表面，无肉眼可见裂纹应评定为合格。

（5）复验与判定。在冷弯试验中，两根试件中如有一根试件不符合标准要求，应再抽取双倍（四根）钢筋，制成双倍（四根）试件重新试验，如仍有一根试件不符合标准要求，则冷弯试验项目判为不合格。

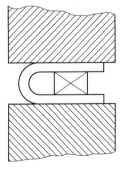

图 4-19　弯曲至两臂平行

五、建筑防水材料检验

1. SBS 防水卷材试验

（1）试验项目。拉力、最大拉力时延伸率（玻纤胎卷材无此项）、不透水性、低温柔度和耐热度。

（2）试验方法。按图 4-20 所示的部位和表 4-31 规定的尺寸和数量切取试件，试件边缘与卷材纵向边缘间的距离不小于 75mm。

表 4-31　　　　　　　　　试件尺寸和数量

试验项目		试件部位	试件尺寸（mm×mm）	数量/个
不透水性		A	150×150	3
拉力和延伸率	纵向	B	250×50	5
	横向	C	250×50	5
耐热度		D	100×50	3
低温柔度		E	150×25	6

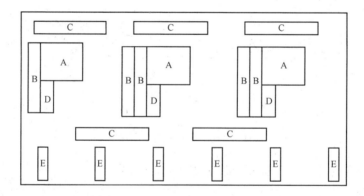

图 4-20　试件切取位置示意图

1）拉力及最大拉力时延伸率。

①将切取的纵、横各 5 块试件置于 23℃±2℃环境温度下不少于 24h。把试件夹持在拉力机（测力范围 0～2000N，最小分度值不大于 5N）的夹具中心，上下夹具间距离为 180mm，调整拉力机的拉伸速度为 50mm/min。

②启动拉力机至试件拉断为止，记录最大拉力及最大拉力时伸长值。

③计算。

a. 拉力。分别计算纵向或横向 5 个试件拉力的算术平均值作为卷材纵向或横向拉力，单位 N/50mm。

b. 最大拉力时延伸率。最大拉力时延伸率按下式计算：

$$E = 100 \times \frac{(L_1 - L_0)}{L} \tag{4-25}$$

式中　E——最大拉力时延伸率，%；

L_1——试件最大拉力时的标距，mm；

L_0——试件初始标距，mm；

L——夹具间距离，180mm。

分别计算纵向或横向 5 个试件最大拉力时延伸率的算术平均值作为卷材纵向或横向延伸率。

2）不透水性。

①将 3 个试件固定于不透水仪上。卷材上表面为迎水面，上表面为砂面、矿物颗粒时，下表面作为迎水面。下表面材料为细砂时，在细砂面沿密封圈一圈去除表面浮砂，然后涂一圈 60～100 号热沥青，涂平待冷却 1h 后检测。

②升压至规定压力并保持 30min。

③评定。3 个试件均不透水为合格。

3）低温柔度。

①试验用器具。

低温制冷仪：范围 −30～0℃，控温精度为 ±2℃。

半导体温度计：量程为 −40～30℃，精度为 0.5℃。

柔度棒或弯板：半径（r）15mm、25mm。

②试验方法。

A 法（仲裁法）。在不小于 10L 的容器中放入冷冻液（6L 以上），将容器放入低温制冷仪，冷却至标准规定的温度。然后将柔度棒（或弯板）同时放在液体中，待温度达到标准规定的温度后至少保持 0.5h，在标准规定的温度下，将试件于液体中在 3s 内匀速绕柔度棒（或弯板）弯曲 180°。

B 法。将试件和柔度棒（或弯板）同时放入冷却至标准规定温度的低温制冷仪中，待温度达到标准规定的温度后保持时间不小于 2h，在标准规定的温度下，在低温制冷仪中将试件在 3s 内匀速绕柔度棒（或弯板）弯曲 180°。

③试验步骤。2mm、3mm 厚卷材采用半径（r）15mm 的柔度棒（或弯板），

4mm 厚卷材采用半径（r）25mm 的柔度棒（或弯板）。6 个试件中，3 个试件的下表面及另外 3 个试件的上表面与柔度棒（或弯板）接触。取出试件用肉眼观察试件涂盖层有无裂纹。

④评定。6 个试件中至少有 5 个试件达到标准规定指标时判为该项指标合格。型式检验和仲裁检验必须采用 A 法。

4）耐热度。

①将高温箱升至规定温度。

②将 3 个试件用曲别针悬吊于高温箱中保持 2h。试件的位置与箱壁的距离不得小于 50mm，试件间应留一定距离。

③评定。试件受热后涂盖层应无滑动、流淌、滴落。任一端涂盖层不应与胎基发生位移，试件下端应与胎基平齐，无流挂、滴落。3 个试件均达到标准规定指标时判为该项合格。

2. 合成高分子片材试验

（1）必试项目。包括拉伸强度、扯断伸长率、不透水性、低温弯折。

（2）试验方法。试样应在 23℃±2℃环境下放置 24h 后进行物理性能试验。按图 4-21 所示的部位和表 4-32

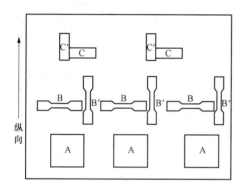

图 4-21　试件切取位置示意图

规定的尺寸和数量切取试件。

表 4-32　　　　　三元乙丙橡胶防水卷材试件的数量、尺寸

试验项目	试件代号	试件尺寸	试件数量/个
不透水性	A	140mm×140mm	3
拉伸性能	B，B′	GB/T 528 中 I 型哑铃片	纵、横向各 5
低温弯折	C，C′	120mm×50mm	纵、横向各 2

1）拉伸性能。

①试验应在 23℃±2℃条件下进行，将裁取的哑铃型试件，在其狭小平行部分画两条与试样中心等距的平行标线，两条标线间的距离为 25mm±0.5mm。

②用厚度计测量试样标距内的厚度，测三点厚度，取中位值为试样厚度（t）。以裁刀工作部分刀刃间的距离作为试样宽度（W）。

③把试样置于夹持器的中心，试样不得歪扭。开动拉力试验机，夹持器的速

度应控制在 500mm/min±50mm/min，直至试样被扯断为止。记录试样被扯断时的负荷（F_b）和标线间的距离（L_b）。

④计算。

a. 均质片的断裂拉伸强度按下式计算，精确至 0.1MPa。

$$TS_b = F_b/(Wt) \tag{4-26}$$

式中　TS_b——均质片断裂拉伸强度，MPa；

　　　F_b——试样断裂时记录的力，N；

　　　W——哑铃试片狭小平行部分宽度，mm；

　　　t——试验长度部分的厚度，mm。

均质片扯断伸长率按下式计算，精确至 1%。

$$E_b = 100 \times (L_b - L_0)/L_0 \tag{4-27}$$

式中　E_b——均质片扯断伸长率，%；

　　　L_b——试样断裂时的标距，mm；

　　　L_0——试样的初始标距，mm。

b. 复合片的断裂拉伸强度按下式计算，精确至 0.1N/cm。

$$TS_b = F_b/W \tag{4-28}$$

式中　TS_b——复合片断裂拉伸强度，N/cm；

　　　F_b——复合片布断开时记录的力，N；

　　　W——哑铃试片狭小平行部分宽度，cm。

复合片扯断伸长率按下式计算，精确至 1%。

$$E_b = 100 \times (L_b - L_0)/L_0 \tag{4-29}$$

式中　E_b——复合片扯断伸长率，%；

　　　L_b——试样完全断裂时夹持器间的距离，mm；

　　　L_0——试样初始夹持器间的距离（Ⅰ型试样 50mm，Ⅱ型试样 30mm）。

⑤评定。纵、横向各 5 个试件的中值均应达到断裂拉伸强度、扯断伸长率的规定值。

2）不透水性。

①试验。不透水性试验应采用十字形压板。试验时按透水仪的操作规程将试样装好，并一次性升压至规定压力，保持 30min。

②评定。三个试样均无渗漏为合格。

3）低温弯折。

①试验。将弯折仪上下平板打开，将厚度相同的两块试件平放在底板上，重

合的一边朝向转轴，且距离转轴20mm。将弯折仪和试件一起放入低温箱，在规定温度下保持1h后迅速压下上平板，到达所调间距位置，在此位置保持1s后将试件取出。待恢复到室温后观察弯折处是否断裂，并用放大镜观察试件弯折处受拉面有无裂纹。

②评定。用8倍放大镜观察试件表面，纵、横向两个试件均无裂纹为合格。

（3）判定。高分子防水片材的性能应符合表4-33和表4-34的规定。若有一项指标不符合要求，应另取双倍试件进行该项复试，复试结果如仍不合格，则该批产品为不合格。

表4-33　　　　　　　　　　　均质片的物理性能

项　目	指　标									
	硫化橡胶类				非硫化橡胶类			树脂类		
	JL1	JL2	JL3	JL4	JF1	JF2	JF3	JS1	JS2	JS3
断裂拉伸强度/MPa，≥	7.5	6.0	6.0	2.2	4.0	3.0	5.0	10	16	14
扯断伸长度（%），≥	450	400	300	200	400	200	200	200	550	500
不透水性（30min）	0.3MPa 无渗漏		0.2MPa 无渗漏		0.3MPa 无渗漏	0.2MPa 无渗漏		0.3MPa 无渗漏		
低温弯折温度/℃，≤	−40	−30	−30	−20	−30	−20	−20	−20	−35	−35

表4-34　　　　　　　　　　　复合片的物理性能

项　目	指　标			
	硫化橡胶类	非硫化橡胶类	树脂类	
	FL	FF	FS1	FS2
断裂拉伸强度/（N/cm），≥	80	60	100	60
扯断伸长率（%），≥	300	250	150	400
不透水性（30min）	0.3MPa，无渗漏			
低温弯折温度/℃，≤	−35	−20	−30	−20

3. 聚氨酯防水涂料试验

（1）必试项目。拉伸强度、断裂伸长率、低温弯折性、不透水性和固体含量。

（2）试验方法。

1）试样制备。在试样制备前，试验样品及所用试验器具在温度23℃±2℃，相对湿度60%±1.5%的标准试验条件下放置24h。

在标准试验条件下称取所需的样品量，保证最终涂膜厚度1.5mm±0.2mm。

将静置后的样品搅匀，不得加入稀释剂。若样品为双组分，则按要求的配比充分搅拌5min，在不混入气泡的情况下倒入模框中。模框不得翘曲且表面平滑，为便于脱模，涂覆前可用脱模剂处理。样品按生产厂的要求一次或多次涂覆（最多三次，每次间隔不超过24h），最后一次将表面刮平，在标准条件下养护96h，然后脱模，涂膜翻过来继续在标准试验条件下养护72h。

聚氨酯防水涂料试件的形状及数量见表4-35。

表4-35 聚氨酯防水涂料试件形状及数量

项目	试件形状	数量/个
拉伸性能	符合GB/T 528规定的哑铃Ⅰ型	5
不透水性	150mm×150mm	3
低温弯折性	100mm×25mm	3

2）拉伸性能。

①试验步骤。将试件在标准条件下至少放置2h，然后用直尺在试件上划好25.0mm±0.5mm的平行标线，并用厚度计测出试件标线中间和两端三点的厚度，取其算术平均值作为试样厚度。将试件装在拉伸试验机夹具之间，以（500mm/min±50mm/min）的拉伸速度拉伸试件至断裂，记录试件断裂时的最大荷载，并量取此时试件标线间的距离，精确至0.1mm，测试5个试件。若有试件断裂在标线外，其结果无效，应采用备用件补做。

②结果计算。拉伸强度按下式计算：

$$P = F/(bd) \qquad (4-30)$$

式中 　P——拉伸强度，MPa；

　　　 F——试件最大荷载，N；

　　　 b——试件工作部分宽度，mm；

　　　 d——试件实测厚度，mm。

试验结果取5个试件的平均值，精确至0.01MPa。

断裂伸长率按下式计算：

$$L = 100 \times (L_1 - 25)/25 \qquad (4-31)$$

式中 　L——试件断裂时的伸长率，%；

　　　 L_1——试件断裂时标线间的距离，mm；

25——试件拉伸前标线间的距离，mm。

试验结果取5个试件的平均值，精确至1%。

3）不透水性。将试件在标准条件下放置1h，将试件涂层面迎水置于不透水仪的圆盘上，再在试件上加一块相同尺寸，孔径为0.5mm±0.1mm的铜丝网及圆孔透水盘，固定压紧，升压至0.3MPa并保持30min。

三个试件表面均无渗水现象为合格。

4）低温弯折性。将试件在标准条件下放置2h后弯曲180°，使25mm宽的边缘平齐，用订书机将边缘处固定，调整弯折机的上下平板间的距离为试件厚度的3倍，然后将试件放在弯折机的下平板上，试件重叠的一边朝向转轴，且距离转轴约25mm。将弯折机和试件一起放入低温箱，在规定温度下放置2h，然后在1s内将上平板压下，保持1s，用8倍放大镜观察试件弯折处有无裂纹或开裂现象。

三个试件均无裂纹或开裂为合格。

5）固体含量。将样品搅匀后，取6g±1g的样品倒入已干燥称量的直径65mm±5mm的培养皿（m_0）中刮平，立即称量（m_1），然后在标准试验条件下放置24h，再放入120℃±2℃烘箱中，恒温3h，取出放入干燥器中，在标准试验条件下冷却2h，然后称量（m_2）。

固体含量按下式计算：

$$X = (m_2 - m_0)/(m_1 - m_0) \times 100 \qquad (4\text{-}32)$$

式中　X——固体含量，%；

　　m_0——培养皿质量，g；

　　m_1——干燥前试样和培养皿质量，g；

　　m_2——干燥后试样和培养皿质量，g。

试验结果取两次平行试验的算术平均值，精确至1%。

（3）评定。聚氨酯防水涂料性能应按《聚氨酯防水涂料》（GB/T 19250—2013）评定。

六、建筑保温节能材料

1. 有机发泡状绝热材料

有机发泡状绝热材料主要是指泡沫塑料为主的绝热材料。

泡沫塑料是以各种树脂为基料，加入少量的发泡剂、催化剂、稳定剂以及其他辅助材料，经加热发泡而成的一种轻质、保温、隔热、防振材料。这类材料具有表观密度小，导热系数低，防振，耐腐蚀、耐霉变，施工性能好等优点，已广泛用于建筑保温、管道设备、冰箱冷藏、减振包装等领域。

泡沫塑料按其泡孔结构可分为闭孔和开孔泡沫塑料。所谓闭孔是指泡孔被泡孔壁完全围住，因而与其他泡孔互不连通，这种泡孔结构对绝热有利；而开孔则是泡孔没有被泡孔壁完全围住，因而与其他泡孔或外界相互连通。

按表观密度可以分为低发泡、中发泡和高发泡泡沫塑料，其中前者表观密度大于 $0.04g/cm^3$，后者小于 $0.01g/cm^3$，中发泡泡沫塑料表观密度介于两者之间。

按柔韧性可以分为软质、硬质和半硬质泡沫塑料。

目前，常见的用于绝热的泡沫塑料有聚苯乙烯泡沫塑料、聚氨酯泡沫塑料、柔性泡沫橡塑、酚醛泡沫塑料等。

（1）聚苯乙烯泡沫塑料。聚苯乙烯泡沫塑料是以聚苯乙烯树脂或其共聚物为主要成分的泡沫塑料。按成型的工艺不同可以分为模塑聚苯乙烯泡沫塑料和挤塑聚苯乙烯泡沫塑料。

1）模塑聚苯乙烯泡沫塑料。模塑聚苯乙烯泡沫塑料是指可发性聚苯乙烯泡沫塑料粒子经加热预发泡后，在模具中加热成型而制得的具有闭孔结构的硬质泡沫塑料。

模塑聚苯乙烯根据不同的表观密度可以分为Ⅰ（表观密度≥15.0kg/m³）、Ⅱ（表观密度≥20.0kg/m³）、Ⅲ（表观密度≥30.0kg/m³）、Ⅳ（表观密度≥40.0kg/m³）、Ⅴ（表观密度≥50.0kg/m³）、Ⅵ类（表观密度≥60.0kg/m³）。不同表观密度的材料应用的场合也是不相同的。一般来说，Ⅰ类产品应用于夹芯材料（金属面聚苯乙烯夹芯板等）、墙体保温材料，不承受负荷。特别是用于外墙外保温系统的模塑聚苯乙烯泡沫塑料的表观密度范围为 18.0～22.0kg/m³。Ⅱ类产品用于地板下面隔热材料，承受较小的负荷。Ⅲ类材料常用于停车平台的隔热。Ⅳ、Ⅴ、Ⅵ类常用于冷库铺地材料、公路地基等。

对于膨胀聚苯板薄抹灰外墙外保温系统中使用的模塑聚苯乙烯泡沫塑料（也称膨胀聚苯板），由于使用在墙体保温方面，对产品的外观尺寸和性能，除了符合以上模塑聚苯乙烯泡沫塑料的性能要求外，还应根据外墙保温的特点对产品有新的性能要求。

2）挤塑聚苯乙烯泡沫塑料。挤塑聚苯乙烯泡沫塑料是以聚苯乙烯树脂或其共聚物为主要成分，添加少量添加剂，通过加热挤塑成型而制得的具有闭孔结构的硬质泡沫塑料。

挤塑聚苯乙烯泡沫塑料较多地应用于屋面的保温，也可用于墙体、地面的保温隔热。

挤塑聚苯乙烯泡沫塑料按强度和有无表皮分类。带表皮按抗压强度值分为150、200、250、300、350、400、450、500kPa；无表皮按抗压强度值分为200kPa和300kPa。

（2）硬质聚氨酯泡沫塑料。聚氨酯（PU）泡沫塑料是以含有羟基的聚醚树脂或聚酯树脂与异氰酸酯反应生成的聚氨基甲酸酯为主体，以异氰酸酯与水反应生成的二氧化碳（或以低沸点氟碳化合物）为发泡剂制成的一类泡沫塑料。用于绝热材料的主要是硬质聚氨酯泡沫塑料，其具有很低的导热系数，节能效果显著，同时具有较高的强度和黏结性。

聚氨酯按所用原料可以分为聚酯型和聚醚型两种；按其发泡方式可以分为喷涂和模塑等类型。硬质聚氨酯泡沫塑料在建筑工程中主要应用于制作各种房屋构件和聚氨酯夹芯彩钢板，起到隔热保温的效果。现在也可以用喷涂法直接在外墙上喷涂，形成聚氨酯外墙外保温系统。在城市集中供热管线，也可采用它来作保温层；在石油、化工领域，可以用作管道和设备的保温和保冷；在航空工业中，可作为机翼、机尾的填充支撑材料。在汽车工业中，可以用作冷藏车的隔热保冷材料等。

建筑隔热用硬质聚氨酯泡沫塑料，按使用状况可分为Ⅰ类和Ⅱ类。Ⅰ类用于非承载情况，如屋顶、地板下隔层等，Ⅱ类用于承载情况，如衬填材料等。

硬质聚氨酯泡沫塑料本身属于可燃物质，但添加阻燃剂和发泡剂等制成的阻燃泡沫，具有良好的防火性能，能达到离火自行熄灭的要求。

（3）柔性泡沫橡塑。柔性泡沫橡塑绝热制品是以天然或合成橡胶和其他有机高分子材料的共混体为基材，加各种添加剂、阻燃剂、稳定剂、硫化促进剂等，经混炼、挤出、发泡和冷却定型，加工而成的具有闭孔结构的柔性绝热制品。

柔性泡沫橡塑制品按表观密度分为Ⅰ类和Ⅱ类。其部分物理性能见表4-36。

表4-36　　　　　　　　　柔性泡沫橡塑物理性能指标

项目	单位	性能指标	
		Ⅰ类	Ⅱ类
表观密度	kg/m³	≤95	
燃烧性能	—	氧指数≥32%且烟密度≤75	氧指数≥26%
		当用于建筑领域时，制品燃烧性能应不低于 GB 8624—2006C 级	

续表

项目		单位	性能指标	
			Ⅰ类	Ⅱ类
导热系数	−20℃（平均温度）	W/（m·K）	≤0.034	
	0℃（平均温度）		≤0.036	
	40℃（平均温度）		≤0.041	
透湿性能	透湿系数	g/（m·s·Pa）	≤1.3×10⁻¹⁰	
	湿阻因子		≥1.5×10³	
真空吸水率		%	≤10	
尺寸稳定性 105℃±3℃，7d		%	≤10.0	
压缩回弹率 压缩率50%，压缩时间72h		%	≥70	
抗老化性 150h		—	轻微起皱，无裂纹，无针孔，不变形	

（4）其他有机泡孔绝热材料产品。

1）酚醛泡沫塑料。酚醛泡沫塑料是热固性（或热塑性）酚醛树脂在发泡剂（如甲醇等）的作用下发泡并在固化剂（硫酸、盐酸等）作用下交联、固化而生成的一种硬质热固性泡沫塑料。

酚醛泡沫具有密度低、导热系数低、耐热、防火性能好等特点应用于建筑行业屋顶、墙体保温、隔热，中央空调系统的保温。还较多应用于船舶建造业、石油化工管道设备的保温。

2）聚乙烯泡沫塑料。聚乙烯泡沫塑料是以聚乙烯为主要原料，加入交联剂（甲基丙烯酸甲酯等）发泡剂（AC等）稳定剂等一次成型加工而成的泡沫塑料。

一般用于绝热材料应选45倍发泡倍率的聚乙烯泡沫塑料。其具有较好的绝热性能、较低的吸水率、耐低温，可应用于汽车顶棚、冷库、建筑物顶棚、空调系统等部位的保温、保冷。

（5）有机泡孔绝热材料的燃烧性能。有机泡孔绝热材料的燃烧性能级别通常为B1级或B2级。两者的区别在于技术要求不同。B1级里包含三个技术要求：氧指数不小于32；平均燃烧时间不大于30s，平均燃烧高度不大于250mm；烟密度等级（SDR）不大于75。只有同时满足上述三个要求，才能判定产品为B1级。

B2级里包含两个技术要求：氧指数不小于26；平均燃烧时间不大于90s，平均燃烧高度不大于50mm。

值得注意的是，对燃烧性能分级的材料，在其标志级别之后，还应在括号内注明该材料的名称。

还应注意的是，上述B1、B2级不应与建筑材料难燃概念相混淆。一般复合性材料、非承重厚体材料、厚体热固性材料用难燃性。

（6）有机泡孔绝热材料储存。有机泡孔绝热材料一般可用塑料袋或塑料捆扎带包装。由于是有机材料，在运输中应远离火源、热源和化学药品，以防止产品变形、损坏。产品堆放在施工现场时，应放在干燥通风处，能够避免日光暴晒，风吹雨淋，也不能靠近火源、热源和化学药品，一般在70℃以上，泡沫塑料产品会产生软化、变形甚至熔融的现象，对于柔性泡沫橡塑产品，温度不宜超过105℃。产品堆放时也不可受到重压和其他机械损伤。

2. 无机纤维状绝热材料

无机纤维状绝热材料是指天然的或人造的以无机矿物为基本成分的一类纤维材料。这类绝热材料主要包括岩棉、矿渣棉、玻璃棉以及硅酸铝棉等人造无机纤维状材料。该类材料在外观上具有相同的纤维形态和结构，性能上有密度低、导热系数小、不燃烧、耐腐蚀、化学稳定性强等优点。因此，这类材料广泛用作建筑物的保温、隔热，工业管道、窑炉和各种热工设备的保温、保冷和隔热。

（1）岩棉、矿渣棉及其制品。矿岩棉是石油化工、建筑等其他工业部门中对作为绝热保温的岩棉和矿渣棉等一类无机纤维状绝热材料的总称。

岩棉是以天然岩石如玄武岩、安山岩、辉绿岩等为基本原料，经熔化、纤维化而制成的。矿渣棉是以工业矿渣如高炉矿渣、粉煤灰等为主要原料，经过重熔、纤维化而制成的。

这类材料耐高温、导热系数小、不燃、耐腐蚀、化学稳定性强，已广泛地应用于石油、化工、电力、冶金、国防等行业给水管道、贮罐、蒸馏塔、烟道、锅炉、车船等工业设备的保温；还大量应用在建筑物中起到隔热的效果。

岩棉、矿渣棉制品一般按制品形式可以分为板和毡。

（2）玻璃棉及其制品。玻璃棉是采用天然矿石如石英砂、白云石、石蜡等，配以其他化工原料，在熔融状态下借助外力拉制、吹制或甩成极细的纤维状材料。目前，玻璃棉的生产工艺主要以离心喷吹法为主，其次是火焰法。

玻璃棉制品是在玻璃棉纤维中，加入一定量的胶粘剂和其他添加剂，经固化、切割、贴面等工序制成。

　　玻璃棉及其制品被广泛地应用于国防、石油化工、建筑、冶金、冷藏、交通运输等工业部门，是各种管道、贮罐、锅炉、热交换器、风机和车船等工业设备、交通运输和各种建筑物的优良保温、绝热、隔冷材料。

　　玻璃棉制品按成型工艺分为火焰法和离心法。所谓火焰法是将熔融玻璃制成玻璃球、棒或块状物，使其再二次熔化，然后拉丝并经火焰喷吹成棉。离心法是对粉状玻璃原料进行熔化，然后借助离心力使熔融玻璃直接制成玻璃棉。

　　玻璃棉制品按产品的形态可分为玻璃棉、玻璃棉板、玻璃棉毡、玻璃棉带、玻璃棉毯和玻璃棉管壳。用于建筑物隔热的玻璃棉制品主要为玻璃棉毡和玻璃棉板，在板、毡的表面可贴外覆层如铝箔、牛皮纸等材料。

　　产品的外观要求表面平整，不能有妨碍使用的伤痕、污痕、破损，树脂分布基本均匀。制品若有外覆层，外覆层与基材的黏结应平整牢固。

　　玻璃棉的主要技术性能见表 4 - 37。

表 4 - 37　　　　　　　　　　玻璃棉主要物理性能

玻璃棉种类		纤维平均直径 /mm	渣球含量（％）（粒径大于 0.25mm）	导热系数（平均温度 70^{+5}_{-2}℃）/[W/(m·K)]	热荷重收缩温度 /℃
火焰法	1a	≤5.0	≤1.0	≤0.041	≥400
	2a	≤8.0	≤4.0	≤0.042	
离心法（b）		≤8.0	≤0.3	≤0.042	

　　注：a 表示火焰法；b 表示离心法。

　　（3）硅酸铝棉及其制品。硅酸铝纤维，又称耐火纤维。硅酸铝制品（板、毡、管壳）是在硅酸铝纤维中添加一定的黏结剂制成的。硅酸铝棉针刺毯是用针刺方法，使其纤维相互勾织，制成的柔性平面制品。硅酸棉制品具有轻质、理化性能稳定、耐高温、导热系数低、耐酸碱、耐腐蚀、机械性能和填充性能好等优良性能。目前硅酸铝棉及其制品主要应用于工业生产领域，在建筑领域内应用的不多，主要用作煤、油、气、电为能源的各种工业窑炉的内衬及隔热保温，还可以作耐热补强材料和高温过滤材料。作为内衬材料，可用作原子能反应堆、冶金炉、石油化工反应装置的绝热保温内衬。作绝热材料，可用于工业炉壁的填充、飞机喷气导管、喷气发动机及其他高温导管的绝热等。

　　硅酸铝棉按分类温度及化学成分的不同，分成 5 个类型，见表 4 - 38。

表 4 - 38　　　　　　　　　　　硅酸铝棉分类

型号	分类温度/℃	推荐使用温度/℃	型号	分类温度/℃	推荐使用温度/℃
1 号（低温型）	1000	≤800	4 号（高铝型）	1350	≤1200
2 号（标准型）	1200	≤1000	5 号（含锆型）	1400	≤1300
3 号（高纯型）	1250	≤1100			

不同型号的硅酸铝棉的化学成分也是各不相同的。产品质量的优劣和产品的化学成分〔特别是氧化铝（Al_2O_3）和氧化硅（SiO_2）的含量〕有关，若两者的含量不足就会导致产品耐高温等性能的降低。硅酸铝棉的主要物理性能和化学成分见表 4 - 39。

表 4 - 39　　　　　　　　硅酸铝棉主要化学成分及物理性能

型号	w（Al_2O_3）	w（$Al_2O_3+SiO_2$）	w（Na_2O+K_2O）	w（Fe_2O_3）	w（$Na_2O+K_2O+Fe_2O_3$）
1 号	≥40	≥95	≤2.0	≤1.5	<3.0
2 号	≥45	≥96	≤0.5	≤1.2	—
3 号	≥47	≥98	≤0.4	≤0.3	—
	≥43	≥99	≤0.2	≤0.2	—
4 号	≥53	≥99	≤0.4	≤0.3	—
5 号	w（$Al_2O_3+SiO_2+ZrO_2$）≥99		≤0.2	≤0.2	w（ZrO_2）≥15
渣球含量（粒径大于 0.21mm）(%)			导热系数（平均温度500℃±10℃）/[W/(m·K)]		
≤20.0			≤0.153		

注：测试导热系数时试样体积密度为 160kg/m³。

（4）无机纤维类绝热材料储存。无机纤维类绝热材料一般防水性能较差，一旦产品受潮、淋湿，则产品的物理性能特别是导热系数会变高，绝热效果变差。因此，这类产品在包装时应采用防潮包装材料，并且应在醒目位置注明"怕湿"等标志来警示其他人员。在运输时应采用干燥防雨的运输工具运输。

贮存在有顶的库房内，地上可以垫上木块等物品以防产品浸水，库房干燥、通风。堆放时还应注意不能把重物堆在产品上。

纤维状产品在堆放中若发生受潮、淋雨这类突发事件，应烘干产品后再使用。若产品完全变形不能使用，则应重新进货。

在进行保温施工中，要求被保温的表面干净、干燥；对易腐蚀的金属表面，可先作适当的防腐涂层。对大面积的保温，需加保温钉。对于有一定高度，垂直放置的保温层，要有定位销或支撑环，以防止在振动时滑落。

施工人员在施工时应戴好手套、口罩，以防止纤维扎手及粉尘的吸入。

3. 无机多孔状绝热材料

无机多孔状绝热材料是指以具有绝热性能的低密度非金属颗粒状、粉末状材料为基料制成的硬质绝热材料。这类材料主要包括膨胀珍珠岩及其制品、硅酸钙制品、泡沫玻璃绝热制品、膨胀蛭石及其制品等。这类产品有较低的密度，较好的绝热性能，良好的力学性能，因此广泛地应用在建筑、石油管道、工业热工设备、工业窑炉、船舶等领域的保温、保冷。

（1）膨胀珍珠岩绝热制品。膨胀珍珠岩是一种多孔的颗粒状物料，是以珍珠岩矿石为原料，经过破碎、分级、预热、高温焙烧瞬时急剧加热膨胀而成的一种轻质、多功能材料。

膨胀珍珠岩制品是以膨胀珍珠岩为主，添加一定的黏结剂和增强纤维制成的。主要有水玻璃膨胀珍珠岩制品、水泥膨胀珍珠岩制品、沥青膨胀珍珠岩制品、超轻膨胀珍珠岩制品、憎水膨胀珍珠岩制品。

膨胀珍珠岩制品按密度分为 200 号、250 号和 350 号；按用途可以分为建筑物用膨胀珍珠岩绝热制品和设备及管道、工业窑炉用膨胀珍珠岩绝热制品；按产品有无憎水性分为普通型和憎水型；按制品外形可分为平板、弧形板和管壳。按质量分为优等品和合格品。

膨胀珍珠岩及其制品在建筑业的主要用途为做墙体、屋面、吊顶等围护结构的保温隔热材料。在铸造生产上制作成铁水保温焦渣覆盖剂；在工业窑炉保温工程中，用它来对窑炉进行隔热保温，还可做加热炉的内衬材料。目前建筑上使用得最多的是憎水膨胀珍珠岩制品。

（2）硅酸钙绝热制品。微孔硅酸钙是用粉状二氧化硅质材料、石灰、纤维增强材料、助剂和水经搅拌、凝胶化、成型、蒸压养护、干燥等工序制成的新型材料。现在我国生产的硅酸钙制品多为托贝莫来石型，并且多为无石棉型。按制品外形可分为平板、弧形板和管壳。

硅酸钙材料强度高、导热系数小、使用温度高，被广泛用作工业保温材料，高层建筑的防火覆盖材料和船用仓室墙壁材料。在工业上，常用作石油、化工、电力等部门的石油管道、工业窑炉、高温设备等的保温。在建筑领域和船舶建造业，被应用于钢结构、梁、柱及墙面的耐火覆盖材料。

硅酸钙制品按使用温度分为Ⅰ型和Ⅱ型。Ⅰ型产品用于温度小于 650℃的场合，Ⅱ型产品用于温度小于 1000℃ 的场合。按产品密度分为 270 号、240 号、220 号、170 号和 140 号。

（3）泡沫玻璃绝热制品。泡沫玻璃是一种以磨细玻璃粉为主要原料，通过添加发泡剂，经烧熔发泡和退火冷却加工处理后制得的具有均匀的独立密闭气隙结构的绝热无机材料。这种材料低温绝热性能好，具有防潮、防火、防腐、防虫、防鼠、抗冻的作用，并且具有长期使用性能不劣化的优点。作为一种绝热材料在地下、露天、易燃、易潮以及有化学侵蚀等条件下广泛使用，尤其在深冷绝热方面一直有其独到的特点。泡沫玻璃不仅广泛应用于石油、化工等部门的基础设施设备的保冷中，近年来在建筑行业已逐步推广应用，大量用于建筑物的屋面、围护结构和地面的隔热材料。

泡沫玻璃制品按外形可分为平板、弧形板和管壳；按制品密度可分为 140 号、160 号、180 号和 200 号四种。按质量可分为优等品和合格品。

（4）其他无机多孔状绝热材料产品。

1）膨胀蛭石及其制品。膨胀蛭石是以蛭石为原料，经烘干、破碎、焙烧（580～1000℃），在短时间内体积急剧增大膨胀（6～20 倍）而成的一种金黄色或灰白色的颗粒状物料。

膨胀蛭石制品是以蛭石为骨料，再加入相应的黏结剂（如水泥、水玻璃等），经过搅拌、成型、干燥、焙烧或养护，最后得到的制品。

膨胀蛭石及其制品具有密度低，导热系数小，防火，防腐，化学稳定性好等特点。在建筑、冶金、化工、电力、石油和交通运输等部门用于保温隔热。但相对于膨胀珍珠岩及其制品而言其性能要稍差一些。

2）泡沫石棉绝热制品。石棉是一类形态呈细纤维状的硅酸盐矿物的总称。按其成分和内部结构分为蛇纹石石棉（又称温石棉）和角闪石石棉。

泡沫石棉是以温石棉为主要原料，添加表面活性剂（二辛基硫化琥珀酸盐等），经过发泡、成型、干燥等工艺制成的泡沫状制品。

泡沫石棉具有密度低，导热系数小，防冻、防震，不老化等特点。较多地应用在冶金、建筑、电力、化工、石油、船舶等部门的热力管道、罐塔、热力和冷藏设备、房屋的保温、隔热中。

但是石棉粉尘污染环境，危害人体健康，美国国家环保局曾颁布部分禁用并逐步淘汰石棉制品的规定，目前石棉绝热制品已很少在上述领域应用。

（5）无机多孔状绝热材料产品的储存。无机多孔状绝热材料吸水能力较强，一旦受潮或淋雨，产品的机械强度会降低，绝热效果显著下降。而且这类产品比较疏松，不宜剧烈碰撞。因此在包装时，必须用包装箱包装，并采用防潮包装材料覆盖在包装箱上，应在醒目位置注明"怕湿"、"禁止滚翻"等标志来警示其他人员，在运输时也必须考虑到这点。应采用干燥防雨的运输工具运输，如给产品盖上油布，有顶的运输工具等，装卸时应轻拿轻放。储存在有顶的库房内或有防雨淋的地方，地上可以垫上木块等物品以防产品浸水；库房应干燥、通风。泡沫玻璃制品在仓库堆放时，还要注意堆垛层高，防止产品跌落损坏。

第五章

建筑装饰装修材料及试验

一、建筑门窗

1. 门窗性能要求

门窗的性能分级及指标见表5-1～表5-6。

表5-1　　　　　　　　　门窗抗风压性能分级　　　　　　（单位：kPa）

分级	1	2	3	4	5	6	7	8	×·×	—
指标值 p_s	$1.0 \leqslant$ $p_s < 1.5$	$1.5 \leqslant$ $p_s < 2.0$	$2.0 \leqslant$ $p_s < 2.5$	$2.5 \leqslant$ $p_s < 3.0$	$3.0 \leqslant$ $p_s < 3.5$	$3.5 \leqslant$ $p_s < 4.0$	$4.0 \leqslant$ $p_s < 4.5$	$4.5 \leqslant$ $p_s < 5.0$	$p_s \geqslant 5.0$	

注：×·×表示用≥5.0kPa的具体值，取代分级代号。

表5-2　　　　　　　　　门窗水密性能分级　　　　　　　（单位：Pa）

分级	1	2	3	4	5	××××
指标值 Δp	$100 \leqslant \Delta p$ < 150	$150 \leqslant \Delta p$ < 250	$250 \leqslant \Delta p$ < 350	$350 \leqslant \Delta p$ < 500	$500 \leqslant \Delta p$ < 700	$\Delta p \geqslant 700$

注：××××表示用≥700Pa的具体值取代分级代号，适用于受热带风暴和台风袭击地区的建筑。

表5-3　　　　　　　　　门窗气密性能分级

分　级	1	2	3	4	5
单位缝长指标值 $q_1/[\mathrm{m}^3/(\mathrm{m} \cdot \mathrm{h})]$	$6.0 \geqslant q_1$ > 4.0	$4.0 \geqslant q_1$ > 2.5	$2.5 \geqslant q_1$ > 1.5	$1.5 \geqslant q_1$ > 0.5	$q_1 \leqslant 0.5$
单位面积指标值 $q_2/[\mathrm{m}^3/(\mathrm{m}^2 \cdot \mathrm{h})]$	$18 \geqslant q_2$ > 12	$12 \geqslant q_2$ > 7.5	$7.5 \geqslant q_2$ > 4.5	$4.5 \geqslant q_2$ > 1.5	$q_2 \leqslant 1.5$

表 5 - 4		门窗保温性能分级				［单位：W/(m²·K)］
分级	5	6	7	8	9	10
指标值 K	4.0＞K≥3.5	3.5＞K≥3.0	3.0＞K≥2.5	2.5＞K≥2.0	2.0＞K≥1.5	K＜1.5

表 5 - 5		门窗空气声隔声性能分级				（单位：dB）
分级	1	2	3	4	5	6
指标值 R_w	20≤R_w＜25	25≤R_w＜30	30≤R_w＜35	35≤R_w＜40	40≤R_w＜45	R_w≥45

注：当 R_w≥45dB 时，应给出具体数值。

表 5 - 6	门窗采光性能分级				
分级	1	2	3	4	5
指标值 T_r	0.20≤T_r＜0.30	0.30≤T_r＜0.40	0.40≤T_r＜0.50	0.50≤T_r＜0.60	T_r≥0.60

注：当 T_r≥0.60 时，应给出具体数值。

2. 建筑外门窗气密性能检测

（1）气密性能检测试样安装。按标准方法取样后，检查试样的外观、连接是否完好。

1）试件安装前测量试件的外形尺寸、结构形式，确定隔板与夹具的位置，选用合适的活动密封隔板，根据试样面积确定喷头的位置，接好喷水管路。

2）以门窗检测仪固定密封隔板一侧为基准，朝向检测人员一面为模拟室内，将样窗安装至门窗检测仪上。先于固定靠板一端对齐后，再调整活动密封隔板位置，保证密封完好后，将活动密封隔板固定，并以位移传感器在样窗中梃轴线上为基准，确定中立杆位置，即可开始安装夹具。夹具均匀分布，不允许有因安装而出现的变形，并且可以正常开启。检测前应检查各控制开关处于关闭状态，压力箱无异常，将蓄水箱注水。确认一切正常后接通电源。检测开始后，按照微机操作面板所提示程序逐步进行，不可跳跃。

3）检测完毕，整理数据，打印报告单，并关闭风机。关闭总电源，清理蓄水箱，予以备用。

4）在准备开始检测前，应先检查样窗安装得是否牢固，所有可开启部分是否都能够正常地开启。在检测过程中也应及时检查样窗是否能够正常开启，并应注意样窗是否有异常情况，如发现异常，应予以适当的处理，经处理无异常后，再接着进行余下的检测项目。

（2）气密性试验。

1）在正负压检测前分别施加三个压力脉冲。压力差绝对值为 500Pa，加载速度约为 100Pa/s。压力稳定作用时间为 3s，卸压时间不少于 1s。待压力差回零后，将样窗上所有可开启部分开关 5 次，最后关紧。

2）检测程序。

①附加渗透量的测定。充分密封样窗上的可开启缝隙和镶嵌缝隙，或用不透气的盖板将箱体开口部盖严，逐级加压，每级压力作用时间为 10s，先逐级正压，后逐级负压。

②总渗透量的测定。去除样窗上所加密封措施或打开密封盖板后进行检测，检测程序同 1）。

（3）水密性试验。

1）施加三个压力脉冲。压力差绝对值为 500Pa，加载速度约为 100Pa/s。压力稳定作用时间为 3s，卸压时间不少于 1s。待压力差回零后，将样窗上所有可开启部分开关 5 次，最后关紧。

2）淋水。对整个试件均匀淋水，淋水量为 2L/(m²/min)。

3）加压。在稳定淋水的同时，定级检测时，加压至出现严重渗漏，工程检测时，加压至设计指标值。

4）观察。在逐级升压及持续作用过程中，观察并记录渗漏情况。

（4）抗风压性能试验。将位移计安装在规定的位置上，测点位置规定为：中间测点在测试杆件中点位置，两端测点在距该杆件端点向中心方向 10mm 处，当试件的相对挠度最大的杆件难以判定时，也可选取两根或多根测试杆件，分别布点测试。

1）预备加压。在进行正负变形检测前，分别提供三个压力脉冲，压力差 p_0 绝对值为 500Pa，加载速度约为 100Pa/s，压力稳定作用时间为 3s，卸压时间不少于 1s。

2）变形检测。先进行正压检测，后进行负压检测。检测压力逐级升、降。每级升降压力差值不超过 250Pa，每级检测压力差稳定作用时间约为 10s。压力升降直到面法线挠度值达到正负 $L/300$ 时为止，不超过 2000Pa。记录每级压力差作用下的面法线位移量，并依据达到正负 $L/300$ 面法线挠度时的检测压力级的压力值，利用压力差和变形之间的相对关系求出正负 $L/300$ 面法线挠度的对应压力差值作为变形检测压力差值，标以 p_1。工程检测中，如果 $L/300$ 所对应的压

力差已超过 p_3' 时，检测至 p_3' 为止。

3）反复加压检测。检测前取下位移计，装上安全装置，检测压力从零升到 p_2，后降至零，p_2 等于 $1.5p_1$，不宜超过 3000Pa，反复 5 次。再由零降至 $-p_2$ 后升至零，$-p_2$ 等于 $-1.5p_1$，不超过 -3000Pa，反复 5 次。加压速度为 $300\sim500$Pa/s，卸压时间不少于 1s，每次压力差作用时间为 3s。当工程设计值小于 2.5 倍 p_1 时以 0.6 倍工程设计值进行反复加压检测。

正负反复加压后将各试件可开关部分开关 5 次，最后关紧。记录试验过程中发生损坏（指玻璃破裂、五金件损坏、窗扇掉落或被打开以及可以观察到的不可恢复的变形等现象）和功能障碍（指外窗的启闭功能发生障碍、胶条脱落等现象）的部位。

4）定级检测或工程检测。

① 定级检测。使检测压力从零升至 p_3 后降至零，p_3 等于 $2.5p_1$。再降至 $-p_3$ 后升至零，$-p_3$ 等于 $-2.5p_1$。加压速度为 $300\sim500$Pa/s，卸压时间不少于 1s，持续时间为 3s。正、负加压后各将试件可开关部分开关 5 次，最后关紧，并记录试验过程中发生损坏和功能障碍的部位。

② 工程检测。当工程设计值小于或等于 $2.5p_1$ 时，才按工程检测进行。压力加至工程设计值 p_3 后降至零，再降至 $-p_3$ 后升至零。加压速度为 $300\sim500$Pa/s，卸压时间不少于 1s，持续时间为 3s。正、负加压后各将试件可开关部分开关 5 次，最后关紧，并记录试验过程中发生损坏和功能障碍的部位。当工程设计值大于 $2.5p_1$ 时，以定级检测取代工程检测。

在试验过程中如果试件出现破坏，则记录试件破坏时的压力差值为定级数据。

（5）建筑外门窗气密性能检测结果计算。气密性能结果计算：分别计算出升压和降压过程中 100Pa 压差下的两个附加渗透量测定值的平均值 $\overline{q_f}$ 和两个总渗透量测定值的平均值 $\overline{q_z}$，则窗试件本身在 100Pa 压力差下的空气渗透量 q_t（m³/h）为 $q_t=\overline{q_z}-\overline{q_f}$，然后，再将 q_t 换算成标准状态下的渗透量 q'（m³/h），$q'=\dfrac{293}{101.3}\times\dfrac{q_t}{T}$，将 q' 值除以试件开启缝长度 l，即可得出在 ±100Pa 下，单位开启缝长空气渗透量 q'_1［m³/(mh)］值，$q'_1=\dfrac{q'}{l}$。或将 q' 值除以试件面积 A，得到在 100Pa 下，单位面积的空气渗透量（m³/h）值 $q'_2=\dfrac{q'}{A}$，正压、负压分别计算。

为了保证分级指标值的准确度，采用由 100Pa 检测压力差下的测定值 $\pm q_1$ 值或

$\pm q_2$ 值，换算为 10Pa 检测压力差下的相应值 $\pm q_1$ [$m^3/(mh)$] 或 $\pm q_2$ [$m^3(mh)$] 值。

$$\pm q_1 = \frac{\pm q'_1}{4.65}; \pm q_2 = \frac{\pm q'_2}{4.65} \qquad (5-1)$$

3. 建筑外门窗保温性能试验

（1）保温性能试验试样安装。

1）被检试件为一件。试件的尺寸及构造应符合产品设计和组装要求，不得附加任何多余配件或特殊组装工艺。

2）试件安装位置：单层窗及双层窗的外表面应位于距试件框冷侧表面 50mm 处；双层窗内窗的表面距试件框热侧表面不应小于 50mm，两玻璃间距应与标定一致。

3）试件与试件洞口周边之间的缝隙宜用聚苯乙烯泡沫料条填塞，并密封。

4）试件开启缝隙应采用塑料胶带双面密封。

5）当试件面积小于试件洞口面积时，应用与试件厚度相近、已知热导率 A 值的聚苯乙烯泡沫塑料板填堵。在聚苯乙烯泡沫塑料板两侧表面粘贴适量的铜—康铜热电偶，测量两表面的平均温差，计算通过该板的热损失。

6）在试件热侧表面适当布置一些热电偶。

（2）建筑外门窗保温性能试验条件。

1）热箱空气温度设定为 18～20℃，温度波动幅度不应大于 0.1K。

2）热箱空气为自然对流，其相对湿度宜控制在 30% 左右。

3）冷箱空气温度设定范围为 －21～－19℃，温度波动幅度不应大于 0.3K。《建筑热工设计分区》中的夏热冬冷地区、夏热冬暖地区及温和地区，冷箱空气温度可设定为 －11～－9℃，温度波动幅度不应大于 0.2K。

4）与试件冷侧表面距离符合《绝热稳态传热性质的测定：标定和防护热箱法》（GB/T 13475—2008）规定，平面内的平均风速设定为 3.0m/s（注：气流速度指在设定值附近的某一稳定值）。

（3）建筑外门窗保温性能试验。

1）检查热电偶是否完好。

2）启动检测装置，设定冷、热箱和环境空气温度。

3）当冷、热箱和环境空气温度达到设定值后，监控各控温点温度，使冷、热箱和环境空气温度维持稳定，4h 之后，如果逐时测量得到热箱和冷箱的空气平均温度 t_h 和 t_c 每小时变化的绝对值分别不大于 0.1℃ 和 0.3℃；温差 $\Delta\theta_1$ 和 $\Delta\theta_2$ 每小时变化的绝对值分别不大于 0.1K 和 0.3K，且上述温度和温差的变化不是单向变化，则表示传热过程已经稳定。

4）传热过程稳定之后，每隔 30min 测量一次参数 t_h、t_c、$\Delta\theta_1$、$\Delta\theta_2$、$\Delta\theta_3$、Q，共测 6 次。

5）测量结束之后，记录热箱空气相对湿度，试件热侧表面及玻璃夹层结露、结霜状况。

（4）建筑外门窗保温性能试验的试件传热系数 K 值计算：

1）各参数取 6 次测量的平均值。

2）试件传热系数 K 值 $[W/(m^2 \cdot K)]$ 按下式计算：

$$K = (Q - M_1\Delta\theta_1 - M_2 - \Delta\theta_2 - S\Lambda\Delta\theta_3)/(A\Delta t) \qquad (5-2)$$

式中　Q——电暖气加热功率，W；

　　　M_1——由标定试验确定的热箱外壁热流系数，W/K；

　　　M_2——由标定试验确定的试件框热流系数，W/K；

　　　$\Delta\theta_1$——热箱外壁内、外表面积加权平均温度之差，K；

　　　$\Delta\theta_2$——试件框热侧冷侧表面积加权平均温度之差，K；

　　　$\Delta\theta_3$——填充板两表面的平均温差，K；

　　　S——填充板的面积，m^2；

　　　Λ——填充板的热导率，$W/(m^2 \cdot K)$；

　　　A——试件面积，m^2；

　　　Δt——热箱空气平均温度 t_h 与冷箱空气平均温度 t_c 之差，K。

二、饰面石材

1. 大理石技术要求

天然大理石是地壳中原有的岩石经过地壳内高温高压作用形成的变质岩。属于中硬石材，主要由方解石、石灰石、蛇纹石和白云石组成。天然大理石质地细密、坚实，所以抛光光洁如镜，抗压强度较高，可达 300MPa，具有吸水率低、耐磨、不变形等特点。主要品种有云灰大理石、彩花大理石。

由于大理石一般都含有杂质，而且碳酸钙在大气中受二氧化碳、碳化物、水汽的作用，也容易风化和溶蚀，而使表面很快失去光泽。所以少数的，如汉白玉、艾叶青等质纯、杂质少的比较稳定耐久的品种可用于室外，其他品种不宜用于室外，一般只用于室内装饰面。其分类与技术质量要求见表 5-7～表 5-11。

表 5-7 天然大理石建筑板材的分类及质量等级

分类			外观质量等级
分类方法	名称	说明	
按形状分	普型板（PX）	装饰面轮廓线的曲率半径处处相同的饰面板材	按板材的规格尺寸偏差、平面度公差、角度公差及外观质量分为优等品（A）、一等品（B）、合格品（C）三个等级
	圆弧板（HM）		按规格尺寸偏差、直线度公差、线轮廓公差及外观质量分为优等品（A）、一等品（B）、合格品（C）三个等级

表 5-8 普型板规格尺寸允许偏差 （单位：mm）

项 目		允许偏差		
		优等品	一等品	合格品
长度、宽度		0 −1.0		0 −1.5
厚度	≤12	±0.5	±0.8	±1.0
	>12	±1.0	±1.5	±2.0
干挂板材厚度		+2.0 0		+3.0 0

表 5-9 圆弧板规格尺寸允许偏差 （单位：mm）

项 目	允许偏差		
	优等品	一等品	合格品
弦长	0 −1.0		0 −1.5
高度	0 −1.0		0 −1.5

表 5-10 普型板平面度允许公差 （单位：mm）

板材长度	允许公差		
	优等品	一等品	合格品
≤400	0.2	0.3	0.5
400~800	0.5	0.6	0.8
>800	0.7	0.8	1.0

表 5-11　　　　　　　圆弧板直线度与轮廓度允许公差　　　　　（单位：mm）

项　　目		允许公差		
		优等品	一等品	合格品
直线度（按板材高度）	≤800	0.6	0.8	1.0
	>800	0.8	1.0	1.2
线轮廓度		0.8	1.0	1.2

表 5-12　　　　　　　　普型板角度允许公差　　　　　　　　（单位：mm）

板材长度	允许公差		
	优等品	一等品	合格品
≤400	0.3	0.4	0.5
>400	0.4	0.5	0.7

表 5-13　　　　　　　天然大理石板材正面的外观质量要求

名称	规定内容	优等品	一等品	合格品
裂纹	长度超过 10mm 的不允许条数（条）	0		
缺棱	长度不超过 8mm，宽度不超过 1.5mm（长度≤4mm，宽度≤1mm 不计），每米长允许个数（个）	0	1	2
缺角	沿板材边长顺延方向，长度≤3mm，宽度≤3mm（长度≤2mm，宽度≤2mm 不计），每块板允许个数（个）			
色斑	面积不超过 6cm²（面积小于 2cm² 不计），每块板允许个数（个）			
砂眼	直径在 2mm 以下		不明显	有，不影响装饰效果

表 5-14　　　　　　　　天然大理石的物理性能指标

项　　目		指　　标
体积密度/(g/cm³)	≥	2.60
吸水率（%）	≤	0.50
干燥压缩强度/MPa	≥	50.0

续表

项　目		指　标
干燥	弯曲强度/MPa　　≥	7.0
水饱和		
耐磨度❶/(1/cm³)　　　　≥		10

❶为了颜色和设计效果，以两块或多块大理石组合拼接时，耐磨度差异应不大于5，建议适用于经受严重踩踏的阶梯、地面和月台使用的石材耐磨度最小为12。

2. 花岗石技术要求

花岗石指以花岗石为代表的一类装饰石材，包括各类岩浆和花岗石的变质岩，一般质地较硬；在习惯上我们把主要成分为二氧化硅和碳酸盐的饰面石材统称为花岗石。

天然花岗石为全晶质结构的岩石，按结晶颗粒的大小，通常分为细粒、中粒和斑状等几种。花岗石的颜色取决于其所含长石、云母及暗色矿物的种类和数量，常呈灰色、黄色、蔷薇色和红色等，以深色花岗石比较名贵。优质花岗石晶粒细而均匀，构造紧密，石英含量多，云母含量少，不含黄铁矿等杂质，长石光泽明亮，没有风化现象。

天然花岗石的化学成分随产地不同而有所区别，但花岗石中 SiO_2 含量均很高，一般为 $67\%\sim75\%$，故花岗石属酸性岩石。某些天然花岗石含有微量放射性元素，对人体有害，这类花岗石应避免用于室内。其性能及技术质量要求见表5-15～表5-20。

表5-15　　　　　　　　　花岗石主要物理学性能

项　目	性能指标
密度/（kg/m³）	2500～2700
抗压强度/MPa	120～250
抗折强度/MPa	8.2～15.0
抗剪强度/MPa	13.0～19.0
硬度（肖氏）	80～100
吸水率（%）	<1
膨胀系数	$(5.9\times10^{-6})\sim(7.34\times10^{-6})$
平均韧性/cm	8
平均质量磨耗率（%）	11
化学稳定性	不易风化变质，耐酸性很强

续表

项 目	性 能 指 标
耐久性	细粒花岗石使用年限可达 500～1000 年，粗粒花岗石可达 100～200 年
	花岗石不耐火，因其含大量石英。石英在 573℃ 和 870℃ 的高温下均会发生晶态转变，产生体积膨胀，故火灾时花岗石会产生严重开裂破坏

表 5 - 16　　　　天然花岗石建筑板材的产品分类和等级

分类方法	名称	说　明	外观质量等级
按形状分	普型板（PX）	正方形或长方形的板材	按加工质量和外观质量分为： （1）毛光板按厚度偏差、平面度公差、外观质量等将板材分为优等品（A）、一等品（B）、合格品（C）三个等级； （2）普型板按规格尺寸偏差、平面度公差、角度公差、外观质量等将板材分为优等品（A）、一等品（B）、合格品（C）三个等级； （3）圆弧板按规格尺寸偏差，直线度公差、线轮廓公差，外观质量等将板材分为优等品（A）、一等品（B）、合格品（C）三个等级
	毛光板（MG）		
	圆弧板（HM）		
	异型板材（YX）	普型板材以外形状的板材	
按表面加工程度分	细面板材（YG）	表面平整、光滑的板材	
	镜面板（JM）	表面平整、具有镜面光泽的板材	
	粗面板材（CM）	表面平整、粗糙、具有较规则加工条纹的机刨板、剁斧板、锤击板、烧毛板等	

表 5 - 17　　　　天然花岗石建筑板材的技术要求及指标

项　目	技 术 要 求
规格尺寸允许偏差	普型板规格尺寸应符合表 5 - 18 的规定。 圆弧板壁厚最小值就不大于 18mm。异型板材规格尺寸偏差需双方商定。 板材厚度不大于 12mm 者，同一块板材上的厚度允许偏差为 1.5mm；厚度大于 12mm，为 3.0mm
平面度允许极限公差	平面度允许极限公差应符合普型花岗石建筑板材平面度、角度允许极限公差规定

续表

项　目	技术要求
角度允许极限公差	普型板应符合普型花岗石建筑板材平面度、角度允许极限公差规定。 异型板由供、需双方商定。 拼缝板正面与侧面夹角不得大于90°
外观质量	(1) 同一批板材的色调应基本调和，花纹应基本一致。 (2) 板材正面的外观缺陷应符合表5-18规定

项　目		技术指标	
		一般用途	功能用途
体积密度/（g/cm³），≥		2.56	2.56
吸水率（%），≤		0.60	0.40
压缩强度/MPa，≥	干燥	100	131
	水饱和		
弯曲强度/MPa，≥	干燥	8.0	8.3
	水饱和		
耐磨性❶（l/cm³），≥		25	25

❶ 使用在地面、楼梯踏步、台面等严重踩踏或磨损部位的花岗石石材应检验此项。

表5-18　　　　　天然花岗石建筑板材正面的外观缺陷规定

缺陷名称	规定内容	技术指标		
		优等品	一等品	合格品
缺棱/个	长度≤10mm，宽度≤1.2mm（长度<5mm，宽度<1.0mm不计），周边每米长允许个数	0	1	2
缺角/个	沿板材边长，长度≤3mm，宽度≤3mm（长度≤2mm，宽度≤2mm不计），每块板允许个数			
裂纹/条	长度不超过两端顺延至边总长度的1/10（长度<20mm不计），每块板允许条数			
色斑/个	面积≤15mm×30mm（面积<10mm×10mm不计），每块板允许个数		2	3
色线/条	长度不超过两端顺延至边总长度的1/10（长度<40mm不计），每块板允许条数			

注：　干挂板材不允许有裂纹存在。

表 5 - 19　　　　　**普型花岗石建筑板材规格尺寸的允许偏差**　　　　（单位：mm）

项　目		技 术 指 标					
		镜面和细面板材			粗面板材		
		优等品	一等品	合格品	优等品	一等品	合格品
长度、宽度		0 −1.0		0 −1.5	0 −1.0		0 −1.5
厚度	≤12	±0.5	±1.0	+1.0 −1.5			
	>12	±1.0	±1.5	±2.0	+1.0 −2.0	±2.0	+2.0 −3.0

表 5 - 20　　　　　　　　**圆弧板规格尺寸允许偏差**　　　　　（单位：mm）

项　目	技 术 指 标					
	镜面和细面板材			粗面板材		
	优等品	一等品	合格品	优等品	一等品	合格品
弦长	0 −1.0		0	0 −1.5	0 −2.0	0 −2.0
高度			−1.5	0 −1.0	0 −1.0	0 −1.5

表 5 - 21　　　　　　**普型花岗石建筑板材平面度允许公差**　　　　（单位：mm）

板材长度（L）	平面度允许公差					
	亚光面和镜面板材			粗面板材		
	优等品	一等品	合格品	优等品	一等品	合格品
L≤400	0.20	0.35	0.50	0.60	0.80	1.00
400<L≤800	0.50	0.65	0.80	1.20	1.50	1.80
L>800	0.70	0.85	1.00	1.50	1.80	2.00
板材长度（L）	角度允许公差					
	优等品		一等品		合格品	
L≤400	0.30		0.50		0.80	
L>400	0.40		0.60		1.00	

表5-22　　　　　　　　　圆弧板直线度、线轮廓度允许公差　　　　　　　（单位：mm）

项目		技术指标					
		镜面和细面板材			粗面板材		
		优等品	一等品	合格品	优等品	一等品	合格品
直线度（按板材高度）	≤800	0.80	1.00	1.20	1.00	1.20	1.50
	>800	1.00	1.20	1.50	1.50	1.50	2.00
线轮廓度		0.80	1.00	1.20	1.00	1.50	2.00

3. 天然石材放射性元素检测

（1）放射性比活度。某种核素的放射性比活度是指物质中的某种核素放射性活度除以该物质的质量而得的商，其表达式如下：

$$C = \frac{A}{m}$$ 　　　　　　　　　　　　（5-3）

式中　C——放射性比活度，Bq/kg；

　　　A——核素放射性活度，Bq；

　　　m——物质的质量，kg。

（2）放射性核素比活度检测。

1）将检验样品破碎，磨细至粒径不大于0.16mm。将其放入与标准样品几何形态一致的样品盒中，称重（精确至1g）、密封、待测。

2）当检验样品中天然放射性衰变链基本达到平衡后，在与标准测量条件相同情况下，采用低本底多道 γ 能谱仪对其进行镭-226、钍-232和钾-40比活度测量。

（3）检验结果判定。根据放射性比活度检验结果计算内照射指数（I_{Ra}）和外照射指数（I_{γ}），判定其类别。

4. 石材弯曲强度试验

（1）试样。

1）每种试验条件下的试样取五个为一组。如对干燥、水饱和条件下的垂直和平行层理的弯曲强度试验应制备20个试样。

2）试样尺寸为：试样厚度 H 可按实际情况确定。当试样厚度 $H \leq 68$mm 时，宽度为100mm；当试样厚度 $H > 68$mm 时，宽度为1.5H。试样长度为10H +50mm。长度尺寸偏差±1mm，宽度、厚度尺寸偏差±0.3mm。

（2）试验步骤。

1）干燥状态弯曲强度。

① 将试样放在 105℃±2℃ 的烘箱内干燥 24h，再放入干燥器内冷却至室温。

② 调节支架下支座之间的距离（$L=10H$）和上支座之间的距离（$L/2$），调差在 ±1.0mm 内。一般情况下应使试样装饰面处于弯曲拉伸状态。按照试样上支点位置将其放在上下支架之间。

③ 以每分钟 1800N±50N 的速率对试样施加荷载，记录试样破坏荷载 F，精确至 10N。

④ 用游标卡尺测量试样断裂面的宽度（K）和厚度（H），精确至 0.1mm。

2）水饱和状态弯曲强度。

① 试样处理，将试样放在 20℃±2℃ 的清水中浸泡 48h 后取出，用拧干的湿毛巾擦去试样表面水分，立即进行试验。

② 调节支架支座距离同（1）中2）。

③ 试验加载条件同（1）中3）。

④ 测试试样尺寸同（1）中4）。

3）结果计算。弯曲强度计算精度为 0.1MPa，公式如下：

$$P_{\mathrm{w}} = \frac{3FL}{2KH^2} \tag{5-4}$$

式中 P_{w}——试样的弯曲强度，MPa；

　　　F——试样破坏荷载，N；

　　　L——支点间距离，mm；

　　　K——试样宽度，mm；

　　　H——试样厚度，mm。

4）结果评定。

①《天然花岗石建筑板材》（GB/T 18601—2009）规定：弯曲强度不小于 8.0MPa，判定为合格。

②《天然板石》（GB/T 18600—2009）规定：饰面板弯曲强度大于或等于 10.0MPa，判定为合格。瓦板弯曲强度大于或等于 40.0MPa，判定为合格。

5. **石材冻融循环试验**

（1）试样。

1）每种试验条件下的试样取五个为一组。若进行冻融循环后的垂直和平行层理的压缩强度试验应制备试样 10 个。

2）试样尺寸为边长 50mm 的立方体或 φ50mm×50mm 的圆柱体，误差为 ±0.5mm。

（2）试验步骤。

1）用清水洗净试样，并将其置于 20℃+2℃ 的清水中浸泡 48h，取出后立即放入 −20℃±2℃ 的冷冻箱内冷冻 4h，再将其放入流动的清水中融化 4h。反复冻融 25 次后用拧干的湿毛巾将试样表面水分擦去。

2）受力面面积计算：用游标卡尺分别测量试样两受力面的边长或直径并计算其面积，以两个受力面的平均值作为试样受力面面积，边长测量值精确到 0.5mm。

3）将试样放置于材料试验机下压板的中心部位，施加荷载至试样破坏并记录试样破坏时的荷载值，读数值精确到 500N。加载速率为 1500N/s±100N/s 或压板移动的速率不超过 1.3mm/min。

（3）试验结果计算。天然石材经过冻融循环后压缩强度试验结果的计算如下式，修约到 1MPa：

$$P = \frac{F}{S} \qquad (5-5)$$

式中　P——压缩强度，MPa；

　　　F——破坏荷载，N；

　　　S——试样受压面面积，mm²。

三、建筑陶瓷砖试验

1. 试验设备仪器

（1）干燥箱：工作温度为 110℃±5℃，也可使用能获得相同检测结果的微波、红外或其他干燥系统。

（2）加热装置：用惰性材料制成的用于煮沸的加热装置。

（3）热源。

（4）天平：天平的称量精度为所测试样质量的 0.01%。

（5）去离子水或蒸馏水。

（6）干燥器。

（7）麂皮。

（8）吊环、绳索或篮子：能将试样放入水中悬吊称其质量。

（9）玻璃烧杯，或者大小和形状与其类似的容器，将试样完全浸入水中，试样和吊环不与容器的任何部分接触。

（10）真空容器和真空系统：能容纳所要求数量试样的足够大容积的真空容器和真空能达到 10kPa±1kPa 并保持 30min 的真空系统。

（11）抽真空装置：抽真空后注入水使砖吸水饱和装置，通过真空泵抽真空能使该装置内压力至 40kPa±2.6kPa。

（12）冷冻机：能冷冻至少 10 块砖，其最小面积为 0.25m²，并使砖互相不接触。

（13）水：温度保持在 20℃±5℃。

（14）热电偶或其他合适的测温装置。

2. 吸水率试验

（1）试样。

1）每种类型取 10 块整砖进行测试。

2）每块砖的表面积大于 0.04m² 时，只需用 5 块整砖进行测试。如每块砖的质量小于 50g，则需足够数量的砖以使每个试样质量达到 50～100g。

3）砖的边长大于 200mm 且小于 400mm 时，可切割成小块，但切下的每块应计入测量值内，多边形和其他非矩形，其长和宽均按外接矩形计算。

4）砖的边长大于 400mm 时，至少在 3 块整砖的中间部位切取最小边长为 100mm 的 5 块试样。

（2）试验步骤。样品的开口气孔吸入饱和的水分有两种方法：在煮沸和真空条件下浸泡。煮沸法适用于陶瓷砖分类和产品说明，真空法适用于显气孔率、表观相对密度和除分类以外吸水率的测定。

若砖的边长大于 200mm 且小于 400mm 时，可切割成小块，但切割下的每一块应计入测量值内。将砖放在 110℃±5℃ 的烘箱中干燥至恒重，即每隔 24h 的两次连续质量之差小于 0.1%，砖放在有胶或其他干燥剂的干燥器内冷却至室温，不能使用酸性干燥剂，每块砖按表 5-23 的测量精度称量和记录。

表 5-23　　　　　　　　　　　砖的质量和测量精度　　　　　　　　（单位：g）

砖的质量	测量精度	砖的质量	测量精度
50≤m≤100	0.02	1000<m≤3000	0.50
100<m≤500	0.05	m>3000	1.00
500<m≤1000	0.25		

1）煮沸法。将砖竖直地放在盛有去离子水的加热器中，使砖互不接触。砖的上部和下部应保持有 5cm 深度的水。在整个试验中都应保持高于砖 5cm 的水面。将水加热至沸腾并保持煮沸 2h。然后切断电源，使砖完全浸泡在水中冷却至室温，并保持 4h±0.25h。也可用常温下的水或制冷器将样品冷却至室温。将一块浸湿过的麂皮用手拧干，并将麂皮放在平台上轻轻地依次擦干每块砖的表面，对于凹凸或有浮雕的表面应用麂皮轻快地擦去表面的水，然后称重，记录每块试样结果。保持与干燥状态下的相同精度（见表 5-23）。

2）真空法。将砖竖直放入真空容器中，使砖互不接触，加入足够的水将砖覆盖并高出 5cm。抽真空至 10kPa±1kPa，并保持 30min 后停止真空，让砖浸泡 15min 后取出。将一块浸湿的麂皮用手拧干。将麂皮放在平台上依次轻轻擦干每块砖的表面，对于凹凸或有浮雕的表面应用麂皮轻快地擦去表面水分，然后立即称重并记录，与干砖的称量精度相同（见表 5-23）。

（3）吸水率计算。每一块砖的吸水率 $E_{(b,v)}$ 的计算公式如下：

$$E_{(b,v)} = \frac{m_{2(b,v)} - m_1}{m_1} \times 100\% \qquad (5-6)$$

式中 $E_{(b,v)}$——吸水率，%；

$\quad\quad m_1$——每块干砖的质量，g；

$\quad\quad m_2$——每块湿砖的质量，g；

$\quad\quad E_b$——用 m_{2b} 测定的吸水率，代表水仅注入容易进入的气孔；

$\quad\quad E_v$——用 m_{2v} 测定的吸水率，代表水最大可能地注入所有气孔。

3. 抗冻性检测

（1）试样。

1）使用不少于 10 块砖，并且其最小面积为 0.25m²，对于大规格的砖，为了能装入冷冻机，可进行切割，切割试样应尽可能的大。

2）外墙饰面砖应没有裂纹、釉裂、针孔、磕碰等缺陷。

3）如果必须用有缺陷的砖进行检验，在试验前应用永久性的染色剂对缺陷做记号，试验后检查这些缺陷。

（2）抗冻性试验。

1）试样制备。砖在 110℃±5℃ 的干燥箱内烘干至恒重，即每隔 24h 的两次连续称量之差小于 0.1%。记录每块干砖的质量（m_1）。

2）浸水饱和。

①砖冷却至环境温度后，将砖垂直地放在抽真空装置内，使砖与砖、砖与

装置内壁互不接触。抽真空装置 40kPa±2.6kPa。在该压力下将水引入装有砖的真空装置中淹没，并至少高出 50mm。在相同压力下至少保持 15min，然后恢复到大气压力。

用手把浸湿过的麂皮拧干，然后将麂皮放在一个平台上。依次将每块砖的各个面擦干，称量并记录每块湿砖的质量（m_2）。

② 计算初始吸水率（E_1）：

$$E_1 = \frac{m_2 - m_1}{m_1} \times 100 \qquad (5 - 7)$$

式中 E_1——初始吸水率，%；

m_1——每块干砖的质量，g；

m_2——每块湿砖质量，g。

3）试验步骤。

① 在试验时选择一块最厚的砖，该砖应视为对试样具有代表性。

② 在砖一边的中心钻一个直径为 3mm 的孔，该孔距边最大的距离为 40mm，在孔中插一支热电偶，并用一小片隔热材料（如多孔聚苯乙烯）将该孔密封。如果用这种方法不能钻孔，可把一支热电偶放在一块砖的一个面的中心，用另一块砖附在这个面上。将冷冻机内欲测的砖垂直地放在支撑架上，用这一方法使得空气通过每块砖之间的空隙流过所有表面。把装有热电偶的砖放在试样中间，热电偶的温度定为试验时所有砖的温度，只有在用相同试样重复试验的情况下这点可省略。此外，应偶尔用砖中的热电偶作核对。每次测量温度应精确至±0.5℃。

③ 以不超过 20℃/h 的速率使砖的温度降到－5℃以下。砖在该温度下保持 15min。砖浸没于水中或喷水直到温度达到 5℃以上。砖在该温度下保持 15min。

④ 重复上述循环至少 100 次。如果将砖保持浸没在 5℃以上的水中，则此循环可中断。称量试验后的砖质量（m_3），再将其烘干至恒重，称量试验后砖的干质量（m_4）。

4）计算最终吸水率（E_2）。

$$E_2 = \frac{m_3 - m_4}{m_4} \times 100\% \qquad (5 - 8)$$

式中 E_2——最终吸水率，%；

m_3——试验后每块湿砖的质量，g；

m_4——试验后每块干砖的质量，g。

5）结果判定。100 次循环后，在距离 25～30cm 处、大约 300lx 的光照条件下，用肉眼检查砖的釉面、正面和边缘。对通常戴眼镜者，可以戴眼镜检查。在试验早期，如果有理由确信砖已遭到损坏，可在试验中间阶段检查并及时作记录。记录所有观察到砖的釉面、正面和边缘损坏的情况。

四、装饰装修涂料

1. 水溶性内墙涂料技术要求

水溶性内墙涂料系以水溶性合成树脂为主要成膜物，以水为稀释剂，加入适量的颜料、填料及辅助材料加工而成，一般用于建筑物的内墙装饰。水溶性内墙涂料执行《水溶性内墙涂料》（JC/T 423—1991）标准，按标准将涂料分为两类，Ⅰ类用于涂刷浴室、厨房内墙；Ⅱ类用于涂刷建筑物浴室、厨房以外的室内墙面。同时还应符合《室内装饰装修材料内墙涂料中有害物质限量》（GB 18582—2008），其技术质量要求见表 5-24。

表 5-24　　　　　　　　　水溶性内墙涂料的技术质量要求

序号	性能项目	技术要求	
		Ⅰ类	Ⅱ类
1	容器中状态	无结块、沉淀和絮凝	
2	黏度/s	30～75（用涂-4 黏度计测定）	
3	细度/μm	≤100	
4	遮盖力/（g/m²）	≤300	
5	白度（%）	≥80	
6	涂膜外观	平整、色泽均匀	
7	附着力（%）	100	
8	耐水性	无脱落、起泡	
9	耐干擦性（级）	—	≤1
10	耐洗刷性（次）	≥300	—

注：　表内"白度"规定只适用白色涂料。

2. 合成树脂乳液内墙涂料

合成树脂乳液内墙涂料俗称内墙乳胶漆，是以合成树脂乳液为基料，以水为分散介质，加入颜料、填料及各种助剂，经研磨而成的薄型内墙涂料。合成树脂乳液内墙涂料主要以聚醋酸乙烯类乳胶涂料为主，适用的基料有聚醋酸乙烯乳液、EVA 乳液（乙烯—醋酸乙烯共聚）、乙丙乳液（醋酸乙烯与丙烯酸共聚）等。

合成树脂乳液内墙涂料有多种颜色，分有光、半光、无光几种类型，适用于混凝土、水泥砂浆抹面，砖面、纸筋灰抹面，木质纤维板、石膏饰面板等多种基材。涂料分为优等品、一等品和合格品三个等级，执行国家标准《合成树脂乳液内墙涂料》（GB/T 9756—2009），产品技术质量指标应满足标准要求，同时还应符合《室内装饰装修材料内墙涂料中有害物质限量》（GB 18582—2008），产品技术质量指标应满足标准要求见表 5-25。

表 5-25　　　　　　　　合成树脂乳液内墙涂料的技术质量要求

项　目	技　术　要　求		
	优等品	一等品	合格品
容器中状态	无硬块，搅拌后呈均匀状态		
施工性	刷涂二道无障碍		
低温稳定性	不变质		
表面干燥时间/h，≤	2		
涂膜外观	正常		
对比率（白色和浅色），≥	0.95	0.93	0.90
耐洗刷性（次），≥	1000	500	200
耐碱性	24h 无异常		

注：浅色是指以白色涂料为主要成分，添加适量色浆后配制成的浅色涂料形成的涂膜所呈现的浅颜色，按 GB/T 15608—2006 中的规定，明度值为 6～9。

3. 合成树脂乳液外墙涂料技术要求

合成树脂乳液外墙涂料俗称外用乳胶漆。它是以合成树脂乳液为基料，以水为分散介质，加入颜料、填料及各种助剂制成的水溶型涂料。合成树脂乳液外墙涂料，主要原料以苯丙乳胶涂料及纯丙乳胶涂料为主。适用的基料有苯丙乳液（苯乙烯—丙烯酸酯共聚乳液）、乙丙乳液（醋酸乙烯—丙烯酸酯共聚乳液）及氯偏乳液（氯乙烯—偏氯乙烯共聚乳液）、纯丙乳液。

合成树脂乳液外墙涂料适用于水泥砂浆、混凝土、砖面等各种基材，是公用和民用建筑，特别是住宅小区外墙装修的理想装饰装修材料。它既可单独使用，也可作为复层涂料的罩面层。产品分为优等品、一等品、合格品三个等级。其技术要求见表 5-26。

表 5-26   合成树脂乳液外墙涂料的技术要求

项 目		技 术 要 求		
		优等品	一等品	合格品
容器中状态		无硬块，搅拌后呈均匀状态		
施工性		刷涂二道无障碍		
低温稳定性		不变质		
干燥时间（表干）/h,≤		2		
涂膜外观		正常		
对比率（白色或浅色）①，≥		0.93	0.90	0.87
耐水性		96h 无异常		
耐碱性		48h 无异常		
耐洗刷性（次），≥		2000	1000	500
耐人工气候老化性	白色和浅色❶	600h 不起泡 不剥落、无裂纹	400h 不起泡 不剥落、无裂纹	250h 不起泡 不剥落、无裂纹
	粉化（级）≤	1		
	变色（级）≤	2		
	其他色	商定		
耐玷污性（白色和浅色）❶（%），≤		15	15	20
涂层耐湿变化（5 次循环）		无异常		

❶浅色是指以白色涂料为主要成分，添加适量色浆后配制成的浅色涂料形成的涂膜所呈现的浅颜色，按 GB/T 15608—2006 的规定，明度值为 6～9。

4.建筑涂料中总挥发性有机化合物（TVOC）检测

（1）试验原理。用 Tenax TA 吸附管采集一定体积的空气样品，空气中的挥发性有机化合物保留在吸附管中，通过热解吸装置加热吸附管得到挥发性有机化合物的解吸气体，将其注入气相色谱议，进行色谱分析，以保留时间定性，峰面积定量。

（2）试验仪器、设备。

1）气相色谱仪。带氢火焰离子化检测器的气相色谱仪。

2）毛细管色谱柱。长 50m、内径 0.32mm 石英柱，内涂覆二甲基聚硅氧烷，膜厚 1～5μm，程序升温 50～250℃。初始温度为 50℃，保持 10min，升温速率 5℃/min，分流比为 1∶1～50∶1。

3）热解吸装置。能进行吸附管的热解吸，并能将解吸的气体通过载气直接引入气相色谱。解吸温度、时间和载气流速可调节。

4）空气采样器。恒流空气个体采样泵，流量范围 0.2～1L/min。

5）注射器。1μL、10μL 液体注射器或者 1mL、5mL、100mL 气密性注射器若干个。

6）电热恒温箱。可保持 60℃恒温。

7）温度计。测温范围－10～50℃。

8）空气压力表。

（3）试验试剂、材料。

1）Tenax-TA 吸附管。内径为 5mm，内装 200mg 粒径为 0.18～0.25mm、60～80 目的 Tenax-TA 吸附剂，使用前应通氮气加热活化，活化温度应高于解吸温度，活化时间不少于 30min，活化至无杂质峰。

2）标准品。苯、甲苯、对（间）二甲苯、邻二甲苯、苯乙烯、乙苯、乙酸丁酯、十一烷的标准溶液或标准气体。

3）载气。氮气（纯度不小于 99.99%）。

（4）试验步骤。

1）采样。将活化好的 Tenax-TA 吸附管进气口与空气采样器进气口连接，Tenax-TA 吸附管进气口垂直向上。采样开始时用流量计校准采样系统到 0.5L/min，以此流速采样 20min，抽取 10L 空气。采样后，应将吸附管的两端套上塑料帽，作好标识并记录采样温度和大气压。待检样品管应放在干燥器中，必须在 5d 之内进行分析。

2）绘制标准曲线。

① 标准气体样品法。取 TVOC 标准气体 5mL、10mL、20mL、40mL、50mL，分别注入含有 95mL、90mL、80mL、60mL、50mL 高纯氮气的 100mL 注射器，进行稀释，分别通入 5 支活化好的吸附管，制备成标准系列管，将管置于热解吸仪上，按仪器要求进行分析。以峰面积为纵坐标，以标准气体质量为横坐标，绘制标准曲线。吸附管或者色谱条件发生改变时要重新绘制标准曲线。在正常情况下，每 3 个月做一次曲线，使用中宜每个月做一次单点校正。

② 标准液体样品法。取五支活化好的吸附管，分别在 0～1mg/mL 标准溶液之间取五个剂量，在载气流支的情况下注入到吸附管中，按仪器要求进行分析。以峰面积为纵坐标，以标准液体质量为横坐标，绘制标准曲线。吸附管或者色谱条件发生改变时要重新绘制标准曲线。在正常情况下，每 3 个月做一次曲线，使用中宜每个月做一次单点校正。

3）热解吸法进样。将样品管置于热解吸装置上，色谱柱初始温度为 50℃，保持 10min，程序升温速率为 5℃/min，终止温度为 250℃，分流化为 1：1～50：1。用保留时间定性。外标法定量，按仪器要求进行分析。

（5）结果计算。

1）将采样体积按下式换算成标准状态下采样体积。

$$V_0 = V_t \frac{273}{273+T} \frac{P}{101} \tag{5-9}$$

式中　V_0——换算成标准状态下的采样体积，L；

V_t——采样体积，L；

T——采样时采样点的空气温度，℃；

P——采样时采样点的大气压力，kPa。

2）样品管中各组分的浓度，应按下式计算：

$$C_i = A_i B_i / V_{0样} \tag{5-10}$$

式中　C_i——标准状态下所采空气样品中 i 组分含量，mg/m³；

A_i——被测样品中 i 组分的峰面积，μVs；

B_i——被测样品中 i 组分的计算因子[$\mu g/(\mu V \cdot s)$，标准曲线斜率的倒数]，未识别时按甲苯计。

3）室内样品中总挥发性有机化合物（TVOC）浓度按下式计算：

$$C_{TVOC} = \sum_{i=1}^{n} C_i - \sum_{i=1}^{n} C_{空白} \tag{5-11}$$

式中　C_{TVOC}——标准状态下室内空气中总挥发性有机化合物（TVOC）的含量，mg/m³。

第六章

建筑施工试验与检测

一、土方与基础工程试验

1. 土壤含水率试验

土的含水率定义为试样在 105～110℃ 温度下烘至恒重时所失去的水质量和达恒重后干土质量的比值，以百分数表示。

含水率室内标准试验方法为烘干法。本试验方法适用于粗粒土、细粒土、有机质土和冻土。

（1）仪器设备。本试验所用的主要仪器设备，应符合下列规定：

1）电热烘箱。应能控制温度为 105～110℃。

2）天平。称量 200g，最小分度值 0.01g；称量 1000g，最小分度值 0.1g。

（2）含水率试验步骤。

1）取具有代表性试样 15～30g 或用环刀中的试样，有机质土、砂类土和整体状构造冻土为 50g，放入称量盒内，盖上盒盖，称盒加湿土质量，准确至 0.01g。

2）打开盒盖，将盒置于烘箱内，在 105～110℃ 的恒温下烘至恒重。烘干时间对黏土、粉土不得少于 8h，对砂土不得少于 6h，对含有机质超过干土质量 5% 的土，应将温度控制在 65～70℃ 的恒温下烘至恒重。

3）将称量盒从烘箱中取出，盖上盒盖，放入干燥容器内冷却至室温，称盒加干土质量，准确至 0.01g。

4）含水率计算。试样的含水率，应按式（6-1）计算，准确至 0.1%。

$$w_0 = \left(\frac{m_0}{m_d} - 1 \right) \times 100\% \qquad (6 - 1)$$

式中　m_d——干土质量，g；

　　　m_0——湿土质量，g。

5）对层状和网状构造的冻土含水率试验应按下列步骤进行：

① 用四分法切取 200～500g 试样（视冻土结构均匀程度而定，结构均匀少取，反之多取）放入搪瓷盘中，称盘和试样质量，准确至 0.1g。

② 待冻土试样融化后，调成均匀糊状（土太湿时，多余的水分让其自然蒸发或用吸球吸出，但不得将土粒带出；土太干时，可适当加水），称土糊和盘质量，准确至 0.1g。从糊状土中取样测定含水率，其试验步骤和计算按本节第 3）、4）条进行。

6）层状和网状冻土的含水率，应按式（6-2）计算，准确至 0.1%。

$$w = \left[\frac{m_1}{m_2}(1 + 0.01w_{\mathrm{h}}) - 1\right] \times 100\% \qquad (6-2)$$

式中 w——含水率；

      m_1——冻土试样质量，g；

      m_2——糊状试样质量，g；

      w_{h}——糊状试样的含水率。

（3）试验评定。本试验必须对两个试样进行平行测定。

测定的差值：当含水率小于 40% 时，不大于 1%；当含水率大于等于 40% 时，不大于 2%，对层状和网状构造的冻土不大于 3%。取两个测值的平均值，以百分数表示。

2. 土壤密度试验

（1）环刀法。

1）本试验方法适用于细粒土。

2）本试验所用的主要仪器设备，应符合下列规定：

①环刀：内径 61.8mm 和 79.8mm，高度 20mm。

②天平：称量 500g，最小分度值 0.1g；称量 200g，最小分度值 0.01g。

3）环刀切取试样时，应在环内壁涂一薄层凡士林，刃口向下放在土样顶面，边压边削，至土样高出环刀，用钢丝锯铲平环刀两端土样，擦净环刀外壁，称环刀和土的总质量，并取余土测定含水量。

4）试样的湿密度，应按式（6-3）计算：

$$\rho_0 = \frac{m_0}{V} \qquad (6-3)$$

式中 ρ_0——试样的湿密度，g/cm³，准确到 0.01g/cm³。

5）试样的干密度，应按式（6-4）计算：

$$\rho_{\mathrm{d}} = \frac{\rho_0}{1 + 0.01 w_0} \tag{6-4}$$

6）本试验应进行两次平行测定，两次测定的差值不得大于 $0.03\mathrm{g/cm^3}$，取两次测值的平均值。

（2）蜡封法。

1）本试验方法适用于易破裂土和形状不规则的坚硬土。

2）本试验所用的主要仪器设备，应符合下列规定：①蜡封设备：应附熔蜡加热器。②天平：应符合本节环刀法 2）中②的规定。

3）蜡封法试验，应按下列步骤进行：

① 从原状土样中，切取体积不小于 $30\mathrm{cm^3}$ 的代表性试样，清除表面浮土及尖锐棱角，系上细线，称试样质量，准确至 $0.01\mathrm{g}$。

② 持线将试样缓缓浸入刚过熔点的蜡液中，浸没后立即提出，检查试样周围的蜡膜，当有气泡时应用针刺破，再用蜡液补平，冷却后称蜡封试样质量。

③ 将蜡封试样挂在天平的一端，浸没于盛有纯水的烧杯中，称蜡封试样在纯水中的质量，并测定纯水的温度。

④ 取出试样，擦干蜡面上的水分，再称蜡封试样质量。当浸水后试样质量增加时，应另取试样重做试验。

4）试样的密度，应按式（6-5）计算：

$$\rho_0 = \frac{m_0}{\dfrac{m_{\mathrm{n}} - m_{\mathrm{nw}}}{\rho_{\mathrm{wT}}} - \dfrac{m_{\mathrm{n}} - m_0}{\rho_{\mathrm{n}}}} \tag{6-5}$$

式中　m_{n}——蜡封试样质量，g；

　　　m_{nw}——蜡封试样在纯水中的质量，g；

　　　ρ_{wT}——纯水在 $T\mathrm{℃}$ 时的密度，$\mathrm{g/cm^3}$；

　　　ρ_{n}——蜡的密度，$\mathrm{g/cm^3}$。

5）试样的干密度，应按式（6-5）计算。

6）本试验应进行两次平行测定，两次测定的差值不得大于 $0.03\mathrm{g/cm^3}$，取两次测值的平均值。

（3）灌水法。

1）本试验方法适用于现场测定粗粒土的密度。

2）本试验所用的主要仪器设备，应符合下列规定：

①储水筒。直径应均匀，并附有刻度及出水管。

②台秤。称量 50kg，最小分度值 10g。

3）灌水法试验，应按下列步骤进行：

① 根据试样最大粒径，确定试坑尺寸见表 6-1。

表 6-1　　　　　　　　　　　　试 坑 尺 寸　　　　　　　　（单位：mm）

试样最大粒径	试坑尺寸	
	直径	深度
5～20	150	200
40	200	250
60	250	300

② 将选定试验处的试坑地面整平，除去表面松散的土层。

③ 按确定的试坑直径划出坑口轮廓线，在轮廓线内下挖至要求深度，边挖边将坑内的试样装入盛土容器内，称试样质量，准确到 10g，并应测定试样的含水率。

④ 试坑挖好后，放上相应尺寸的套环，用水平尺找平，将大于试坑容积的塑料薄膜袋平铺于坑内，翻过套环压住薄膜四周。

⑤ 记录储水筒内初始水位高度，拧开储水筒出水管开关，将水缓慢注入塑料薄膜袋中。当袋内水面接近套环边缘时，将水流调小，直至袋内水面与套环边缘齐平时关闭出水管，持续 3～5min，记录储水筒内水位高度。当袋内出现水面下降时，应另取塑料薄膜袋重做试验。

4）试坑的体积，应按式（6-6）计算：

$$V_p = (H_1 - H_2) \times A_w - V_0 \tag{6-6}$$

式中　V_p——试坑体积，cm^3；

　　　H_1——储水筒内初始水位高度，cm；

　　　H_2——储水筒内注水终了时水位高度，cm；

　　　A_w——储水筒断面积，cm^2；

　　　V_0——套环体积，cm^3。

5）试样的密度，应按式（6-7）计算：

$$\rho_0 = \frac{m_p}{V_p} \tag{6-7}$$

式中　m_p——取自试坑内的试样质量，g。

（4）灌砂法。

1）本试验方法适用于现场测定粗粒土的密度。

2）本试验所用的主要仪器设备，应符合下列规定：

① 密度测定器。由容砂瓶、灌砂漏斗和底盘组成（图 6 - 1）。灌砂漏斗高 135mm、直径 165mm，尾部有孔径为 13mm 的圆柱形阀门；容砂瓶容为 4L，容砂瓶和灌砂漏斗之间用螺纹接头连接。底盘承托灌砂漏斗和容砂瓶。

② 天平。称量 10kg，最小分度值 5g，称量 500g，最小分度值 0.1g。

3）标准砂密度的测定，应按下列步骤进行：

① 标准砂应清洗洁净，粒径宜选用 0.25～0.50mm，密度宜选用 1.47～1.61g/cm³。

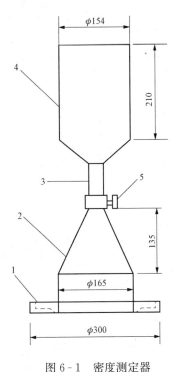

图 6 - 1 密度测定器

1—底盘；2—灌砂漏斗；3—螺纹接头；
4—容砂瓶；5—阀门

② 组装容砂瓶与灌砂漏斗，螺纹连接处应旋紧，称其质量。

③ 将密度测定器竖立，灌砂漏斗口向上，关阀门，向灌砂漏斗中注满标准砂。打开阀门，使灌砂漏斗内的标准砂漏入容砂瓶内，继续向漏斗内注砂漏入瓶内。当砂停止流动时迅速关闭阀门，倒掉漏斗内多余的砂，称容砂瓶、灌砂漏斗和标准砂的总质量，准确至 5g。试验中应避免振动。

④ 倒出容砂瓶内的标准砂，通过漏斗向容砂瓶内注水至水面高出阀门，关阀门，倒掉漏斗中多余的水，称容砂瓶、漏斗和水的总质量，准确到 5g，并测定水温，准确到 0.5℃。重复测定 3 次，3 次测值之间的差值不得大于 3mL，取 3 次测值的平均值。

4）容砂瓶的容积，应按式（6 - 8）计算：

$$V_r = (m_{r2} - m_{r1})/\rho_{wt} \qquad (6 - 8)$$

式中 V_r——容砂瓶容积，mL；

m_{r2}——容砂瓶、漏斗和水的总质量，g；

m_{r1}——容砂瓶和漏斗的质量，g；

ρ_{wt}——不同水温时水的密度，g/cm³，查表 6 - 2。

表 6 - 2   水 的 密 度

温度 /℃	水的密度 /(g/cm³)	温度 /℃	水的密度 /(g/cm³)	温度 /℃	水的密度 /(g/cm³)
4.0	1.000 0	15.0	0.999 1	26.0	0.996 8
5.0	1.000 0	16.0	0.998 9	27.0	0.996 5
6.0	0.999 9	17.0	0.998 8	28.0	0.996 2
7.0	0.999 9	18.0	0.998 6	29.0	0.995 9
8.0	0.999 9	19.0	0.998 4	30.0	0.995 7
9.0	0.999 8	20.0	0.998 2	31.0	0.995 3
10.0	0.999 7	21.0	0.998 0	32.0	0.995 0
11.0	0.999 6	22.0	0.997 8	33.0	0.994 7
12.0	0.999 5	23.0	0.997 5	34.0	0.994 4
13.0	0.999 4	24.0	0.997 3	35.0	0.994 0
14.0	0.999 2	25.0	0.997 0	36.0	0.993 7

5）标准砂的密度，应按式（6-9）计算：

$$\rho_s = \frac{m_{rs} - m_{rl}}{V_r} \qquad (6-9)$$

式中 ρ_s——标准砂的密度，g/cm³；

m_{rs}——容砂瓶、漏斗和标准砂的总质量，g。

6）灌砂法试验，应按下列步骤进行：

① 按本节（3）灌水法中 3）条的①～③款的步骤挖好规定的试坑尺寸，并称试样质量。

② 向容砂瓶内注满砂，关阀门，称容砂瓶、漏斗和砂的总质量，准确至 10g。

③ 将密度测定器倒置（容砂瓶向上）于挖好的坑口上，打开阀门，使砂注入试坑。在注砂过程中不应振动。当砂注满试坑时关闭阀门，称容砂瓶、漏斗和余砂的总质量，准确至 10g，并计算注满试坑所用的标准砂质量。

7）试样的密度，应按式（6-10）计算：

$$\rho_0 = \frac{m_p}{\dfrac{m_s}{\rho_s}} \qquad (6-10)$$

式中 m_s——注满试坑所用标准砂的质量，g。

8）试样的干密度，应按式（6-11）计算，准确至 0.01g/cm^3。

$$\rho_d = \frac{m_p}{1 + 0.01w_1} \bigg/ \frac{m_s}{\rho_s} \qquad (6-11)$$

3. 回填土试验

在建设工程中，回填或换填法大量应用，填筑材料有素土、灰土、三合土（石灰、土、碎石）、砂石等，填筑料经分层铺设并压实，达到预定要求。填土的压实质量的好坏，对建筑物的沉降甚至安危有极大的关系，填土的施工质量必须在施工现场进行分层检测，检测不合格必须返工，以达到设计要求值为准。

换填土施工检测数量：对 1000m^2 以上的基坑每 100m^2 不少于 1 点，对基槽每 20 延米不少于 1 点，每个单独柱基不少于 1 个点。

填土的施工质量检测一般采用密度试验，即取压实土试样检测密实度、含水率，计算干密度。对于素土、灰土填土类，可采用环刀法测定密度，对砂石类可采用灌水法、灌砂法测定密度。砂石的现场含水率快速测定可采用炒干法，土类可采用酒精燃烧法。

（1）现场含水率快速测定方法。测定土含水率，为计算回填土夯实后的干密度用。现场测定方法有：

1）酒精燃烧法。用盛土铝盒称取试样 5～10g（m_1），加酒精充分浸透试样并混合均匀，然后点燃酒精，燃烧至火焰熄灭。再加酒精浸透，燃烧至火焰熄灭。重复三次后称取干试样质量（m_2）（精确至 0.1g）。含水率（w）按式（6-12）计算：

$$w = \frac{m_1 - m_2}{m_2} \times 100\% \qquad (6-12)$$

2）炒干法。用金属容器称取试样 200～500g（m_1），放在电炉或火炉上炒干，冷却后称取干试样质量（m_2），按式（6-12）计算含水率。

（2）现场密度测定。

1）环刀法。仪器用具：取土环刀（图 6-2），包括环刀（200cm^3）、环盖及落锤（重 1kg）、天平（称量 1kg、感量 1g）、平口铲、削土刀等。

操作步骤：

① 在取土处用平口铲挖一个 $20\text{cm} \times 20\text{cm}$ 的小坑，挖至每层表面以下 2/3 深度处。

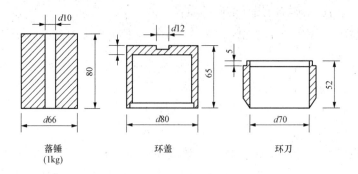

图 6 - 2　取土环刀

② 将环刀口向下，放上环盖，将落锤沿手杆反复自由落下，打至环盖深入土中约 1～2cm，用平口铲将环刀连同环盖一起取出。

③ 轻轻取下环盖，用削土刀修平环刀两端余土（不可用余土补修压平），擦净环刀外壁，称取环刀与土的质量（准确至 1g）。

④ 将环刀的土样取出，碾碎后称取 100g，进行含水率测定。

⑤ 土湿密度计算，见式（6 - 13）。

$$\rho_s = \frac{G_1 - G}{V} \qquad (6 - 13)$$

式中　ρ_s——土湿密度，g/cm^3；

　　G_1——环刀和湿土试样总重，g；

　　G——环刀质量，g；

　　V——环刀容积，cm^3。

⑥ 土干密度的计算，见式（6 - 14）。

$$\rho_g = \frac{\rho_s}{1 + w} \qquad (6 - 14)$$

式中　ρ_g——土干密度，g/cm^3；

　　ρ_s——土湿密度，g/cm^3；

　　w——土含水量。

2）灌水法、灌砂法参见本章密度试验中灌水法和灌砂法。

4. 土方击实试验

回填土或砂石经压实。工程性质得到改善。压实得越密实，其工程性能越好，如何判定压实程度，地基规范对填土采用压实系数 λ_c 来控制，λ_c 值越大，压实度越高，各类地基规范对不同的条件给出了 λ_c 的对应值。

（1）压实系数的含义。现场实测干密度与室内试验确定的最大干密度之比称为压实系数（λ_c）。即

$$\lambda_c = \frac{现场测定的干密度}{室内试验的最大干密度}$$

室内密度试验根据不同填筑材料采用不同试验方法，对砂石可采用振密试验方法确定最大干密度，对素土、灰土采用击实试验确定最大干密度和最佳含水量。室内和现场密度试验方法对照见表 6-3。

表 6-3　　　　　　　　室内和现场密度试验方法对照表

填筑料	室内最大干密度试验方法	现场实测干密度试验方法
土、灰土	击实试验	环刀法
砂石	振密试验	灌砂法、灌水法

（2）击实试验。

1）本试验分轻型击实和重型击实。轻型击实试验适用于粒径小于 5mm 的黏性土，重型击实试验适用于粒径不大于 20mm 的土。采用三层击实时，最大粒径不大于 40mm。

2）轻型击实试验的单位体积击实功约为 592.2kJ/m³，重型击实试验的单位体积击实功约为 2684.9kJ/m³。

3）本试验所用的主要仪器设备（图 6-3、图 6-4）应符合下列规定：

① 击实仪的击实筒和击锤尺寸应符合表 6-4 的规定。

表 6-4　　　　　　　　击实仪主要部件规格表

试验方法	锤底直径/mm	锤质量/kg	落高/mm	击实筒			护筒高度/mm
				内径/mm	筒高/mm	容积/cm³	
轻型	51	2.5	305	102	116	947.4	50
重型	51	4.5	457	152	116	2103.9	50

② 击实仪的击锤应配导筒，击锤与导筒间应有足够的间隙使锤能自由下落；电动操作的击锤必须有控制落距的跟踪装置和锤击点按一定角度（轻型 53.5°，重型 45°）均匀分布的装置（重型击实仪中心点每圈要加一击）。

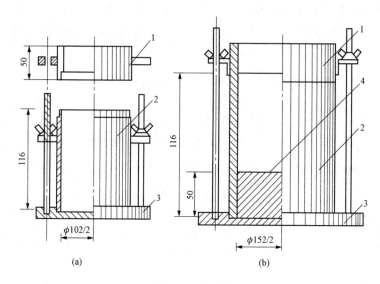

图 6 - 3 击实筒

（a）轻型击实筒；（b）重型击实筒

1—套筒；2—击实筒；3—底板；4—垫块

③ 天平。称量 200g，最小分度值，0.01g。

④ 台秤。称量 10kg，最小分度值 5g。

⑤ 标准筛。孔径为 20mm、40mm 和 5mm。

⑥ 试样推出器。宜用螺旋式千斤顶或液压式千斤顶，如无此类装置，亦可用刮刀和修土刀从击实筒中取出试样。

4）试样制备分为干法和湿法两种。

① 干法制备试样应按下列步骤进行：用四分法取代表性土样 20kg（重型为 50kg），风干碾碎，过 5mm（重型过 20mm 或 40mm）筛，将筛下土样拌匀，并测定土样的风干含水率。根据土的塑限预估最优含水率，并制备 5 个不同含水率的一组试样，相邻 2 个含水率的差值宜为 2%。

注：轻型击实中 5 个含水率中应有 2 个大于塑限，2 个小于塑限，1 个接近塑限。

② 湿法制备试样应按下列步骤进行：取天然含水率的代表性土样 20kg（重型为 50kg），碾碎，过 5mm 筛（重型过 20mm 或 40mm），将筛下样拌匀，并测定土样的天然含水率。根据土样的塑限预估最优含水率，按本条 1）款注的原则选择至少 5 个含水率的土样，分别将天然含水率的土样风干或加水进行制备，应使制备好的土样水分均匀分布。

5）击实试验应按下列步骤进行：

① 将击实仪平稳置于刚性基础上，击实筒与底座连接好，安装好护筒，在击实筒内壁均匀涂一薄层润滑油。称取一定量试样，倒入击实筒内，分层击实，轻型击实试样为 2～5kg，分 3 层，每层 25 击；重型击实试样为 4～10kg，分 5 层，每层 56 击，若分 3 层，每层 94 击。每层试样高度宜相等。两层交界处的土面应刨毛。击实完成时，超出击实筒顶的试样高度应小于 6mm。

② 卸下护筒，用直刮刀修平击实筒顶部的试样，拆除底板，试样底部若超出筒外，也应修平。擦净筒外壁，称筒与试样的总质量，精确至 1g，并计算试样的湿密度。

③ 用推土器将试样从击实筒中推出，取 2 个代表性试样测定含水率，2 个含水率的差值应不大于 1％。

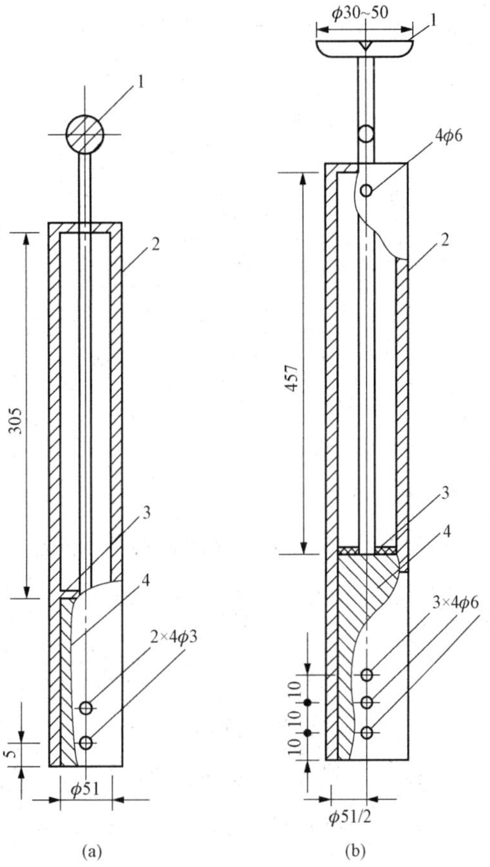

④ 对不同含水率的试样依次击实。

图 6 - 4　击锤与导筒

(a) 2.5kg 击锤；(b) 4.5kg 击锤

1—提手；2—导筒；3—硬橡皮垫；4—击锤

6）试样的干密度应按式（6-15）计算：

$$\rho_d = \frac{\rho_0}{1 + 0.01 w_i} \qquad (6-15)$$

式中　w_i——某点试样的含水率，％。

7）干密度和含水率的关系曲线，应在直角坐标纸上绘制（图 6-5）。并应取曲线峰值点和相应的纵坐标为击实试样的最大干密度，相应的横坐标为击实试样的最优含水率。当关系曲线不能绘出峰值点时，应进行补点，土样不宜重复使用。

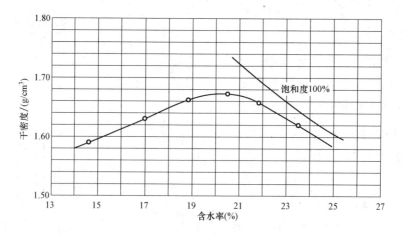

图 6 - 5 $\rho_\mathrm{d} - w$ 关系曲线

8）气体体积等于零（即饱和度 100%）的等值线应按式（6 - 16）计算，并应将计算值绘于图 6 - 5 的关系曲线上。

$$w_{\mathrm{set}} = \left(\frac{\rho_\mathrm{w}}{\rho_\mathrm{d}} - \frac{1}{\rho_\mathrm{s}} \right) \times 100\% \tag{6 - 16}$$

式中 w_{set}——试样的饱和含水率；

ρ_w——温度 4℃时水的密度，$\mathrm{g/cm^3}$；

ρ_d——试样的干密度，$\mathrm{g/cm^3}$；

ρ_s——土颗粒相对密度。

9）轻型击实试验中，当试样中粒径大于 5mm 的土质量小于或等于试样总质量的 30% 时，应对最大干密度和最优含水率进行校正。

① 最大干密度应按式（6 - 17）校正。

$$\rho'_{\mathrm{dmax}} = \frac{1}{\dfrac{1 - P_5}{\rho_{\mathrm{dmax}}} + \dfrac{P_5}{\rho_\mathrm{w}\rho_{\mathrm{s2}}}} \tag{6 - 17}$$

式中 ρ'_{dmax}——校正后试样的最大干密度，$\mathrm{g/cm^3}$；

P_5——粒径大于 5mm 土的质量百分数，%；

ρ_{s2}——粒径大于 5mm 土粒的饱和面干密度。

注：饱和面干相对密度指当土粒呈饱和面干状态时的土粒总质量与相当于土粒总体积的纯水 4℃时质量的比值。

② 最优含水率应按式（6 - 18）进行校正，计算至 0.1%。

$$w'_{\mathrm{opt}} = w_{\mathrm{opt}}(1 - P_5) + P_5 w_{\mathrm{ab}} \tag{6 - 18}$$

式中　w'_{opt}——校正后试样的最优含水率；

w_{opt}——击实试样的最优含水率；

w_{ab}——粒径大于 5mm 土粒的吸着含水率。

5. 土壤中氡浓度的测定

（1）测定方法：

土壤中氡浓度测量的关键是采集土壤中的空气，土壤中氡气的浓度一般大于数百 B_q/m^3 这样高的氡浓度的测量可以采用电离室法、静电扩散法、闪烁瓶法等进行测量。

（2）测量区域及布点要求。

1）测量区域范围应与工程地质勘察范围相同。

2）布点时，应以间距 10m 作网格，各网格点即为测试点（当遇较大石块时，可偏离±2m），但布点数不少于 16 个。布点位置应覆盖基础工程范围。

3）在每个测试点，应采用专用钢钎打孔。孔的直径宜为 20～40mm，孔的深度宜为 600～800mm。

4）成孔后，正式取样测试前，应通过一系列不同抽气次数的试验，确定最佳抽气次数。应使用头部有气孔的特制的取样器，插入打好的孔中，取样器在靠近地面时应进行密闭，避免大气渗入孔中，然后进行抽气。

5）取样测试时间宜在 8：00～18：00 现场取样测试工作不应在雨天进行，如遇雨天，应在雨后 24h 后进行。

6. 地基荷载试验

荷载试验是用一块压板代替基础，在其上施加荷载，观测荷载与压板沉降的关系，从而确定地基承载力与变形参数的一种试验。

荷载试验分浅层平板荷载试验与深层平板荷载试验。前者用于浅层土，后者用于深层土，试验要点分述于下。

（1）浅层平板荷载试验。试验的装置有多种，如图 6-6、图 6-7 所示。尽管设备多样，但主要由三部分组成：荷载板；加载部分，包括支架，荷载（重物、钢锭等）或千斤顶与反力架；观测系统，如千分表等。

荷载试验是逐级增加承压板上的荷载值的，每级荷载值与土质有关，参见表 6-5。

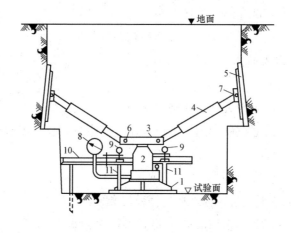

图 6-6　荷载试验装置示意图

1—承压板（荷载板）；2—油压千斤顶；3—支承板；4—斜撑杆；5—斜撑板；

6、7—销钉；8—压力表；9—千分表；10—观测装置支架；11—千分表支座

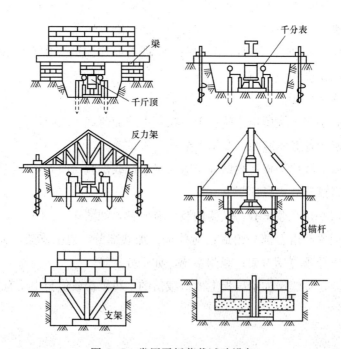

图 6-7　常用平板荷载试验设备

表 6 - 5	荷载增量参考值
试验土层	荷载增量/kPa
淤泥，流塑黏性土，松散粉细砂	≤15
软塑黏性土，新近沉积黄土，稍密粉细砂	15～25
可塑－硬塑黏性土，黄土，中密粉细砂	25～50
坚硬黏性土，密实粉细砂，中粗砂	50～100
碎石土，软岩石，风化岩	100～200

（2）试验要点。

1）地基土浅层平板荷载试验用于测求浅部地基土层的承压板下，应力主要影响范围内的承载力和变形参数，其压板面积不应小于 $0.25m^2$，对于软土不应小于 $0.5m^2$。

2）试验基坑宽度不应小于承压板宽度或直径的 3 倍。应注意保持试验土层的原状结构和天然湿度。宜在拟试压表面用不超过 20mm 厚的粗、中砂层找平。

3）加荷等级不应少于 8 级。最大加载量不应少于荷载设计值的两倍。

4）每级加载后，按间隔 10min，10min，10min，15min，15min 测读，以后则每隔半小时测读一次沉降。当连续两小时内，每小时的沉降量小于 0.1mm 时，则认为已趋稳定，可加下一级荷载。记录每级荷载下沉降随时间的发展，并绘制荷载试验曲线（图 6 - 8）。

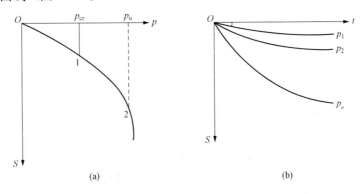

图 6 - 8　荷载试验曲线

（a）p-S 曲线；（b）S-t 曲线（p_n 代表某一级荷载）

5）终止加载的情况：当出现下列情况之一时，即可终止加载。

① 承压板周围的土明显地侧向挤出。

② 沉降 S 急骤增大，荷载—沉降（p-S）曲线出现陡降段。

③ 在某一级荷载下，24h 内沉降速率不能达到稳定标准。

④ $S/b \geqslant 0.06$（b 为承压板宽度或直径）。

满足前三种情况之一时，将其对应的前一级荷载定为极限荷载 p_u［图6 - 8（a）］。

6）承载力特征值的确定。

① 当 p - S 曲线上有明确的比例界限时，取该比例界限所对应的荷载值为承载力特征值［图6 - 8(a)中的 p_{cr}］。

② 当极限荷载 p_u 能确定，且该值小于对应比例界限的荷载值的 1.5 倍时，取极限荷载值的一半为承载力特征值。

③ 不能按上述两点确定时，可取 $S/b=0.01 \sim 0.015$ 所对应的荷载为承载力特征值（低压缩性土取低值，高压缩性土取高值）。

7）同一土层参加统计的试验点不应少于三点，各试验实测值的极差不得超过其平均值的 30%，取此平均值作为该土层的地基承载力特征值。

8）按式（6 - 19）计算变形模量：

$$E_0 = I_0(1 - \mu^2)\frac{pb}{S} \qquad (6 - 19)$$

式中　E_0——变形模量；

　　　I_0——刚性承压板形状对沉降的影响系数，圆形承压板取 0.79，方形承压板取 0.88；

　　　μ——土的泊松比；

　　　b——承压板的边长或直径；

　　　p——地基承载力特征值所对应的荷载；

　　　S——与承载力特征值对应的沉降。

7. 地基触探试验

触探试验可分为动力触探与静力触探。

动力触探是利用一定的落锤能量，将一定尺寸的圆锥形探头打入土中，根据打入土中的难易程度（贯入度）来判定土的性质的方法。通过建立触探指标与土的物理力学性质间的相关关系，对地基土进行力学分层，确定地基土的承载力、变形模量等。

静力触探是利用压力（机械或油压）装置，将探头（分单桥与双桥）压入土层。用电阻应变仪或电位差计（即自动记录仪）量测土的比贯入阻力或分别测量锤尖阻力及侧壁摩阻力，对土层进行力学分层和提供土层的主要力学指标。

（1）动力触探。国内动力触探试验分为轻型、中型、重型和超重型四种类型，依地基土的软硬程度分别采用，其规格及触探指标见表6-6。

表6-6 国内动力触探类型及规格

触探类型	落锤质量 /kg	落锤距离 /cm	探头规格	触探指标	触探杆外径 /mm
轻型	10±0.2	50±2	圆锤头，锥角60°，锥底直径4.0cm，锥底面积12.6cm²	贯入30cm的狂击数 N_{10}	25
中型	28±0.2	80±2	圆锤头，锥角60°，锥底直径6.18cm，锥底面积30cm²	贯入10cm的狂击数 N_{20}	33.5
重型	6.65±0.5	76±2	圆锤头，锥角60°，锥底直径7.4cm，锥底面积43cm²	贯入10cm的狂击数 $N_{63.5}$	42
超重型	120±1.0	100±2	圆锤头，锥角60°，锥底直径7.4cm，锥底面积43cm²	贯入30cm的狂击数 N_{120}	50～60

1）对黏性土、粉土及其人工填土常用轻型动力触探试验，其使用方法如下：

轻型触探试验设备主要由尖锥探头、触探杆、穿心锤三部分组成，如图6-9所示。

① 轻型触探仪的使用程序。

a. 先用轻便钻具钻至试验土层标高，然后对所需试验土层连续进行触探。

b. 使用时，使穿心锤自由下落，落距严格控制为500mm，每打入土层300mm的锤击数即为 N_{10}。

c. 一般适用于贯入深度小于4000mm的土层，此时不考虑影响因素的校正。

② 根据轻便触探测得的锤击数，可按表6-7确定承载力特征值（f_{ak}）。

2）标准贯入试验。标准贯入试验仍属动力触探类型之一，所不同点，探头是由两半圆形管合成的取土器，称为贯入器。测试原理与其他型式触探仪一样。标准贯入试验设备主要由标准贯入

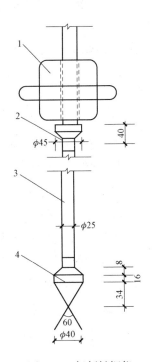

图6-9 轻便触探仪

1—穿心锤；2—锤垫；

3—触探杆；4—探头

器、触探杆和 63.5kg 的穿心锤组成。试验程序可参考有关规范或手册进行。

表 6-7 黏性土与素填土承载力特征值

触探指标 N_{10}		10	15	20	25	30	40
f_{ak}/kPa	黏性土		105	145	190	230	
	素填土	85		115		135	160

（2）静力触探。

1）主要由量测系统与贯入系统两部分组成。

① 量测系统。由探头和量测记录仪表组成。主要作用是将土层的贯入阻力通过电测原理将它反映和记录下来。

② 贯入系统。由加压装置及反力装置组成。主要作用是将探头压到土层中去，加压装置又分机械式和油压式两种。

为了方便携带，将测量系统和贯入系统安装在汽车上，便成为静力触探车，使用方便，效率高。

2）操作要点。

① 安装贯入设备时，应将支架调平，调好孔口导向器，以保持触探杆垂直贯入。

② 贯入前将仪器预调平衡，达到检流计指针恒指零点不变为准。检查电源电压是否符合要求。使用自动记录仪时，应正确选择工作电压。

③ 先将探头压入地下 50cm 左右，然后提升 50cm，使探头在不受压状态下的温度与地温平衡。记录试验前的初读数。

④ 测试时，采用 0.5～1.0m/min 的速度连续贯入。

⑤ 每贯入 10～15cm 读数一次，也可根据具体情况予以增减（自动记录除外）。

⑥ 每贯入一定深度后（一般为 2m），将探头上提 5cm 左右，复查读取初读数，使探头温度与地温重新平衡。

⑦ 正式贯入时，按每次贯入某一深度后的仪器读数与其相应的初读数之差（应变值），即可从探头率定曲线上求得各相应深度土层的锥尖阻力或侧壁摩擦力。

⑧ 在装卸探杆时，切勿使入土探杆转动或电缆打结绞紧，以防探头处电缆被扭。丝扣一定要上紧，以防脱节。

⑨ 探头贯入预定深度后，关闭仪器，应立即拔起探杆，勿使探头在土中停

放，以免进水。

⑩ 高温及严寒季节，注意对仪器的防护，防止探头在阳光下暴晒。

保持探头内部的顶柱能自由活动，并安装正确。

3）确定地基土的承载力（f_{ak}）：按测得数据，计算应变量、比贯入阻力及摩阻比，绘制触探曲线图。

根据比贯入阻力 P_s 与荷载试验结果进行相关分析，得出适用于一定地区及一定土性的经验公式。静力触探也可用于桩基侧摩阻力与端阻力的测定。

8. 单桩竖向抗压静载试验

（1）试验目的。采用接近于竖向抗压桩的实际工作条件的试验方法，确定单桩竖向（抗压）极限承载力，作为设计依据，或对工程桩的承载力进行抽样检验和评价。当埋设有桩底反力和桩身应力、应变测量元件时，尚可直接测定桩周各土层的极限侧阻力和极限端阻力。除对于以桩身承载力控制极限承载力的工程桩试验加载至承载力设计值的 1.5～2 倍外，其余试桩均应加载至破坏。

（2）试验加载装置。一般采用油压千斤顶的加载，千斤顶的加载反力装置可根据现场实际条件取下列三种形式之一：

1）锚桩横梁反力装置（图 6-10）。锚桩、反力梁装置能提供的反力应不小于预估最大试验荷载的 1.2～1.5 倍。

采用工程桩作锚桩时，锚桩数量不得少于 4 根，并应对试验过程锚桩上拔量进行监测。

2）压重平台反力装置。压重量不得少于预估试桩破坏荷载的 1.2 倍；压重应在试验开始前一次加上，并均匀稳固放置于平台上。

3）锚桩压重联合反力装置。当试桩最大加载量超过锚桩的抗拔能力时，可在横梁上放置或悬挂一定重物，由锚桩和重物共同承受千斤顶加载反力。

千斤顶平放于试桩中心，当采用两个以上千斤顶加载时，应将千斤顶并联同步工作，并使千斤顶的合力通过试桩中心。

（3）荷载与沉降的量测仪表。荷载可用放置于千斤顶上的应力环、应变式压力传感器直接测定，或采用置于千斤顶的压力表测定油压，根据千斤顶率定曲线换算荷载。试桩沉降一般采用百分表或电子位移计测量。对于大直径桩应在其两个正交直径方向对称安置 4 个位移测试仪表，中等和小直径桩径可安置 2 或 3 个位移测试仪表。沉降测定平面离桩顶距离不应小于 0.5 倍桩径，固定和支承百分表的夹具和基准梁在构造上应确保不受气温、振动及其他外界因素影响而发生竖向变位。

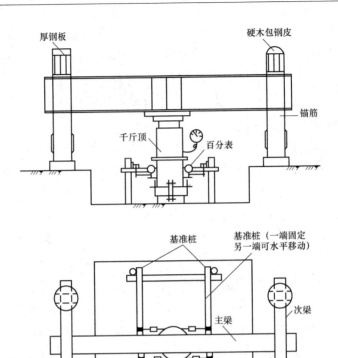

图6-10 竖向静载试验装置

（4）试桩、锚桩（压重平台支墩）和基准桩之间的中心距离。试桩、锚桩（压重平台支墩）和基准桩之间的中心距离应符合表6-8的规定。

表6-8　　　　　　　　　试桩、锚桩和基准桩之间的中心距离

反力系统	试桩与锚桩 （或压重平台支墩边）	试桩与基准桩	基准桩与锚柱 （或压重平台支墩边）
锚桩横梁反力装置 压重平台反力装置	≥4d 且不小于 2.0m	≥4d 且不小于 2.0m	≥4d 且不小于 2.0m

注：d 为试桩或锚桩的设计直径，取其较大者（如试桩或锚桩为扩底桩时，试桩与锚桩的中心距不应小于 2 倍扩大端直径）。

（5）试桩制作要求。

1）试桩顶部一般应予加强，可在桩顶配置加密钢筋网 2～3 层，或以薄钢板圆筒做成加劲箍与桩顶混凝土浇成一体，用高强度等级砂浆将桩顶抹平。对于预

制桩，若桩顶未破损可不另作处理。

2）为安置沉降测点和仪表，试桩顶部露出试坑地面的高度不宜小于600mm，试坑地面宜与桩承台底设计标高一致。

3）试桩的成桩工艺和质量控制标准应与工程桩一致。为缩短试桩养护时间，混凝土强度等级可适当提高或掺入早强剂。

（6）从成桩到开始试验的间歇时间。在桩身强度达到设计要求的前提下，对于砂类土，不应少于10d；对于粉土和黏性土，不应少于15d；对于淤泥或淤泥质土，不应少于25d。

（7）试验加载方式。采用慢速维持荷载法，即逐级加载，每级荷载达到相对稳定后加下一级荷载，直到试桩破坏，然后分级卸载到零。当考虑结合实际工程桩的荷载特征可采用多循环加、卸载法（每级荷载达到相对稳定后卸载到零）。当考虑缩短试验时间，对于工程桩的检验性试验，可采用快速维持荷载法，即一般每隔一小时加一级荷载。

（8）加卸载与沉降观测。

1）加载分级。每级加载为预估极限荷载的1/10～1/15，第一级可按2倍分级荷载加荷。

2）沉降观测。每级加载后间隔5min、10min、15min各测读一次，以后每隔15min测读一次，累计1h后每隔30min测读一次。每次测读值记入试验记录表。

3）沉降相对稳定标准。每1h的沉降不超过0.1mm，并连续出现两次（由1.5h内连续三次观测值计算），认为已达到相对稳定，可加下一级荷载。

4）终止加载条件。当出现下列情况之一时，即可终止加载：

① 某级荷载作用下，桩的沉降量为前一级荷载作用下沉降量的5倍。

② 某级荷载作用下，桩的沉降量大于前一级荷载作用下沉降量的两倍，且经24h尚未达到相对稳定。

③ 已达到锚桩最大抗拔力或压重平台的最大重量时。

5）卸载与卸载沉降观测。每级卸载值为每级加载值的两倍。每级卸载后隔15min测读一次残余沉降，读两次后，隔30min再读一次，即可卸下一级荷载，全部卸载后，隔3～4h再读一次。

（9）试验报告内容及资料整理。

1）单桩竖向抗压静载试验概况。整理成表格形式，并应对成桩和试验过程出现的异常现象作补充说明。

2）单桩竖向抗压静载试验记录表及汇总表（见表 6-9、表 6-10）。

表 6-9 　　　　　　　　　　**单桩竖向抗压静载试验记录表**

试桩号

荷载 /kN	观测时间 /（日/月时分）	间隔时间 /min	读数					沉降/mm		备注
			表	表	表	表	平均	本次	累计	

试验：　　　　　　记录：　　　　　　校核：

表 6-10 　　　　　　　　　**单桩竖向抗压静载试验结果汇总表**

序号	荷载/kN	历时/min		沉降/mm	
		本级	累计	本级	累计

试验：　　　　　　记录：　　　　　　校核：

3）确定单桩竖向极限承载力。一般应绘 $Q\text{-}s$、$s\text{-}\lg t$ 曲线，以及其他辅助分析所需曲线。

4）当进行桩身应力、应变和桩底反力测定时，应整理出有关数据的记录表和绘制桩身轴力分布、侧阻力分布，桩端阻力—荷载、桩端阻力—沉降关系等曲线。

5）按下列①和②确定单桩竖向极限承载力标准值。

① 单桩竖向极限承载力可按下列方法综合分析确定：

a. 根据沉降随荷载的变化特征确定极限承载力。对于陡降型 $Q\text{-}s$ 曲线取 $Q\text{-}s$ 曲线发生明显陡降的起始点。

b. 根据沉降量确定极限承载力。对于缓变型 $Q\text{-}s$ 曲线，一般可取 $s=40\sim60\text{mm}$ 对应的荷载；对于大直径桩，可取 $s=(0.03\sim0.06)D$（D 为桩端直径，大桩径取低值，小桩径取高值）所对应的荷载值；对于细长桩（$1/d>80$），可取 $s=60\sim80\text{mm}$ 对应的荷载。

c. 根据沉降随时间的变化特征确定极限承载力。取 $s\text{-}\lg t$ 曲线尾部出现明显向下弯曲的前一级荷载值。

② 单桩竖向极限承载力标准值应根据试桩位置、实际地质条件、施工情况等综合确定。当各试桩条件基本相同时，单桩竖向极限承载力标准值可按《建筑

桩基技术规范》JGJ 94 附录 G 的规定确定。

9. 单桩水平静载试验

（1）试验目的。采用接近于水平受力桩的实际工作条件的试验方法确定单桩的水平承载力和地基上的水平抗力系数或对工程桩的水平承载力进行检验和评价；当埋设有桩身应力测量元件时，可测定出桩身应力变化，并由此求得桩身弯矩分布。

（2）仪器设备装置。单桩水平静载试验的试验设备与仪表装置，如图 6-11所示。

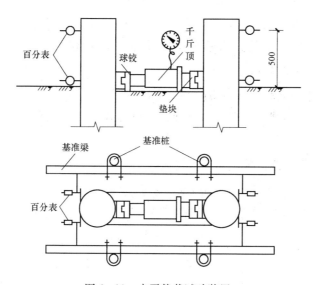

图 6-11 水平静载试验装置

1）采用千斤顶施加水平力，水平力作用线应通过地面标高处（地面标高应与实际工程桩基承台底面标高一致）。在千斤顶与试桩接触处宜安置一球形铰座，以保证千斤顶作用力能水平通过桩身轴线。

2）桩的水平位移宜采用大量程百分表测量。每一试桩在力的作用水平面上和在该平面以上 50cm 左右各安装一或二只百分表（下表测量桩身在地面处的水平位移，上表测量桩顶水平位移，根据两表位移差与两表距离的比值求得地面以上桩身的转角）。如果桩身露出地面较短，可只在力的作用水平面上安装百分表测量水平位移。

3）固定百分表的基准桩宜打设在试桩侧面靠位移的反方向，与试桩的净距不少于 1 倍试桩直径。

（3）试验加载方法。宜采用单向多循环加卸载法，对于个别受长期水平荷载的桩基也可采用慢速维持加载法（稳定标准可参照竖向静载试验）进行试验。

（4）多循环加卸载试验法，按下列规定进行加卸载和位移观测：

1）荷载分级。取预估水平极限承载力的 1/10～1/15 作为每级荷载的加载增量。根据桩径大小并适当考虑土层软硬，对于直径 300～1000mm 的桩，每级荷载增量可取 2.5～20kN。

2）加载程序与位移观测。每级荷载施加后，恒载 4min 测读水平位移，然后卸载至零，停 2min 测读残余水平位移，至此完成一个加卸载循环，如此循环 5 次便完成一级荷载的试验观测。加载时间应尽量缩短，测量位移的间隔时间应严格准确，试验不得中途停歇。

3）终止试验的条件。当桩身折断或水平位移超过 30～40mm（软土取 40mm）时，可终止试验。

（5）单桩水平静载试验报告内容及资料整理。

1）单柱水平静载试验概况。整理成表格形式。对成桩和试验过程发生的异常现象应作补充说明。

2）单桩水平静载试验记录表（见表 6-11）。

表 6-11 　　　　　　　　　　单桩水平静载试验记录表

荷载 /kN	观测时间 /（日/月时分）	循环数	加载		卸载		水平位移 /mm		加载上下表读数差	转角	备注
			上表	下表	上表	下表	加载	卸载			

试验：　　　　　　　记录：　　　　　　　校核：

3）绘制有关试验成果曲线。一般应绘制水平力—时间—位移（$H_0 - t - x_0$）、水平力—位移梯度$\left(H_0 - \dfrac{\Delta r_0}{\Delta H_0}\right)$或水平力—位移双对数（$\lg H_0 - \lg x_0$）曲线，当测量桩身应力时，尚应绘制应力沿桩身分布和水平力—最大弯矩截面钢筋应力（$H_0 - \sigma_g$）等曲线。

（6）单桩水平临界荷载（桩身受拉区混凝土明显退出工作前的最大荷载）按下列方法综合确定：

166

1) 取 $H_0 - t - x_0$ 曲线出现突变（相同荷载增量的条件下，出现比前一级明显增大的位移增量）点的前一级荷载为水平临界荷载，参照《建筑桩基技术规范》JGJ 94 附录 E（附图）。

2) 取 $H_0 - \dfrac{\Delta x_0}{\Delta H_0}$ 曲线第一直线段的终点，参照《建筑桩基技术规范》JGJ 94 附录（图 E - 2b）或 $\log H_0 - \log x_0$ 曲线拐点所对应的荷载为水平临界荷载。

3) 当有钢筋应力测试数据时，取 $H_\sigma - \sigma_g$ 第一突变点对应的荷载为水平临界荷载。

（7）单桩水平极限荷载可根据下列方法综合确定：

1) 取 $H_0 - t - x_0$ 曲线明显陡降的前一级荷载为极限荷载。

2) 取 $H_0 - \dfrac{\Delta x_0}{\Delta H_0}$ 曲线第二直线段的终点对应的荷载为极限荷载。

3) 取桩身折断或钢筋应力达到流限的前一级荷载为极限荷载。

有条件时，可模拟实际荷载情况，进行桩顶同时施加轴向压力的水平静载试验。

二、钢筋接头及混凝土中钢筋检测

1. 钢筋焊接接头检测试验

（1）钢筋焊接工艺试验。工艺试验（工艺检验）的目的是了解钢筋焊接性能、选择最佳焊接参数、掌握焊工技术水平。

在工程开工正式焊接之前，参与该项施焊的焊工应进行现场条件下的焊接工艺试验，并经试验合格后，方可正式生产。试验结果应符合质量检验与验收时的要求。《钢筋焊接及验收规程》(JGJ 18—2012) 规定无论采用何种焊接工艺，每种牌号、每种规格钢筋至少做 1 组试件。若第 1 次未通过，应改进工艺，调整参数，直至合格为止。

（2）钢筋焊接接头拉伸试验。钢筋焊接接头拉伸试验是对规定的各种钢筋焊接接头在室温（10～35℃）下进行拉伸试验，直至试样产生缩颈或断裂，测定试样的抗拉强度，进行修约，记录其断裂位置（焊缝或焊缝外距离）和断裂特征（延性断裂或脆性断裂）。

1) 各种钢筋焊接接头的拉伸试样的制作，参见本书第四章相关内容。

2) 试验设备。

① 根据钢筋的牌号和直径，应选用适配的拉力试验机或万能试验机。试验机应符合现行国家标准《金属材料　拉伸试验 第 1 部分：室温试验方法》(GB/T 228.1—2010) 中的有关规定。

② 夹紧装置应根据试样规格选用，在拉伸试验过程中不得与钢筋产生相对滑移，夹持长度可按试样直径确定，钢筋直径不大于 20mm 时，夹持长度宜为 70～90mm；钢筋直径大于 20mm 时，夹持长度宜为 90～120mm。

③ 在使用预埋件钢筋 T 形接头拉伸试验夹具时，应将拉杆夹紧于试验机的上钳口内，试样的钢筋应穿过垫板放入夹具的槽孔中心，钢筋下端应夹紧于试验机的下钳口内。

3) 试验方法。

① 试验用母材应符合现行国家标准《钢筋混凝土用钢 第 1 部分：热轧光圆钢筋》(GB 1499.1—2008)、《钢筋混凝土用钢 第 2 部分：热轧带肋钢筋》(GB 1499.2—2009)、《钢筋混凝土用钢 第 3 部分：钢筋焊接网》(GB 1499.3—2010)、《钢筋混凝土用余热处理钢筋》(GB 13014—2013)、《冷轧带肋钢筋》(GB 13788—2008)、《冷拔低碳钢丝应用技术规程》(JGJ 19—2010) 的规定，按钢筋（丝）公称截面面积计算。

② 对试样进行轴向拉伸试验时，加载应连续平稳，加载速率符合《金属材料 拉伸试验 第 1 部分：室温试验方法》(GB/T 228.1—2010) 中的有关规定。即应力速率控制或应变速率控制两种方式，加载速率宜不大于每秒 0.008 的应变速率或等效的横梁分离速率，将试样拉至断裂（或出现缩颈），可从测力盘上读取最大力或从拉伸曲线图上确定试验过程中的最大力。

③ 试验中，当试验设备发生故障或操作不当而影响试验数据时，试验结果应视为无效。

④ 当在试样断口上发现气孔、夹渣、未焊透、烧伤等焊接缺陷时，应在试验记录中注明。

⑤ 抗拉强度应按下式计算：

$$R_a = \frac{F_n}{S_0} \tag{6-20}$$

式中　R_a——抗拉强度（MPa），试验结果数值应修约到 5MPa，修约的方法应按《数值修约规则与极限数值的表示和判定》(GB/T 8170—2008) 的规定进行；

　　　F_n——最大力，N；

S_0——原始试样的钢筋公称截面面积或原始试样的实测截面面积，mm^2。

4）试验报告。钢筋焊接接头拉伸试验报告（记录）应包括下列内容：

① 依据标准编号。

② 试验编号。

③ 试验条件（试验设备、试验速率等）。

④ 试样标识。

⑤ 原始试样的钢筋牌号和公称直径和实测直径。

⑥ 焊接方法。

⑦ 试样拉断（或缩颈）过程中的最大力。

⑧ 断裂（或缩颈）位置及离焊缝口距离。

⑨ 断口特征。

⑩ 试验结论。

钢筋焊接接头拉伸试验报告（记录）的有关内容可按规定的钢筋焊接接头拉伸、弯曲试验报告式样填写。

（3）钢筋焊接接头弯曲试验。钢筋焊接接头弯曲试验是对钢筋闪光对焊接头、钢筋气压焊接头采用支辊式装置进行弯曲试验，试验前对接头处的金属毛刺及凸起部分宜削除，焊缝中心置于压头下部，试验期间支辊间距保持不变，待试样弯曲至90°，其外侧表面未发现宽度达到0.5mm的裂纹，认定该接头试样弯曲试验合格。

1）钢筋弯曲试验试件的制作，参见本书第四章相关内容。

2）试验设备。

① 钢筋焊接接头弯曲试验时，宜采用支辊式弯曲装置，并符合现行国家标准《金属材料 弯曲试验方法》（GB/T 232）中有关规定。

② 钢筋焊接接头弯曲试验可在压力机或万能试验机上进行，不得使用钢筋弯曲机对钢筋焊接接头进行弯曲试验。

3）试验方法。

① 钢筋焊接接头进行弯曲试验时，试样应放在两支点上，并应使焊缝中心与弯曲压头中心线一致，应缓慢地对试样施加荷载，以使材料能够自由地进行塑性变形，当出现争议时，横梁分离速率应为（1±0.2）mm/s，直至达到规定的弯曲角度或出现裂纹、破断为止。

② 弯曲压头直径和弯曲角度应按表6-12的规定确定。

表 6-12 弯曲压头直径和弯曲角度

序号	钢筋牌号	弯曲压头直径 D		弯曲角度 /（°）
		$d \leqslant 25mm$	$d > 25mm$	
1	HPB300	$2d$	$3d$	90
2	HRB335、HRBF335	$4d$	$5d$	90
3	HRB400、HRBF400	$5d$	$6d$	90
4	HRB500、HPBF500	$7d$	$8d$	90

注： d 为钢筋直径。

③ 在钢筋焊接接头弯曲试验过程中，应采取可靠的安全措施，防止试样突然断裂伤人。

4）试验报告。钢筋焊接接头弯曲试验报告（记录）应包括下列内容：

① 本标准编号。

② 试验编号。

③ 试验条件（试验设备、试验速率等）。

④ 试样标识。

⑤ 原始试样的钢筋牌号和公称直径。

⑥ 焊接方法。

⑦ 弯曲后试样受拉面有无裂纹。

⑧ 断裂时的弯曲角度。

⑨ 断口位置及特征。

⑩ 有无焊接缺陷。

钢筋焊接接头弯曲试验报告（记录）的有关内容可按规定的钢筋焊接接头拉伸、弯曲试验报告式样填写。

（4）钢筋焊接接头剪切试验。钢筋电阻点焊接头剪切试验是对钢筋焊接骨架、焊接网中电阻点焊接头选用合适的专用夹具，按照剪切试验技术条件进行试验，直至两钢筋剪开或拉脱，记录其最大拉力，即为该接头的抗剪力。

1）试样。剪切试样的制作，参见本书第三章相关内容。

2）试验设备。

① 剪切试验时，应估算接头抗剪力的大小，选择合适量程的试验机。

② 剪切试验夹具应根据试样尺寸和设备条件选用。

3）试验方法。

① 剪切试验时，应使用一种能固定于试验机上夹头的专用夹具，这种夹具应使试验时能符合下列剪切试验技术条件：沿受拉钢筋轴线施加荷载；使受拉钢筋自由端能沿轴线方向滑动；对试样横向钢筋适当固定，横向钢筋支点间距应尽可能小，以防止其产生过大的弯曲变形和转动。

② 夹具应安装于万能试验机的上钳口内，并应夹紧。试样横筋应夹紧于夹具的下部或横槽内，不得转动。纵筋应通过纵槽夹紧于万能试验机下钳口内，纵筋受力的作用线应与试验机的加载轴线相重合。

③ 加载应连续而平稳，直至试样破坏为止。从测力度盘上读取最大力，即为该试样的抗剪力。

④ 试验中，当试验设备发生故障或操作不当而影响试验数据时，试验结果应视为无效。

4）试验报告。试验记录应包括下列内容：

① 试样编号。

② 钢筋牌号和公称直径。

③ 试样的抗剪荷载。

④ 断裂位置。

试验记录有关内容可按规定的钢筋电阻点焊制品力学性能试验报告式样填写。

2. 钢筋机械连接接头试验

（1）钢筋机械连接工艺试验。钢筋连接工程开始前及施工工程中，应对每批进场钢筋进行接头工艺检验，工艺检验应符合下列要求：

1）每种规格钢筋的接头试件不应少于 3 根。

2）钢筋母材抗拉强度试件不应少于 3 根，且应取自接头试件的同一根钢筋。

3）3 根接头试件的抗拉强度均应符合以下规定：对于 I 级接头，试件抗拉强度尚应大于等于钢筋抗拉强度实测值的 0.95 倍；对于 II 级接头，应大于 0.90 倍。

（2）钢筋机械连接接头性能等级要求：

1）接头的设计应满足强度及变形性能的要求。

2）接头连接件的屈服承载力和受拉承载力的标准值不应小于被连接钢筋的屈服承载和受拉承载力标准值的 1.10 倍。

3）接头应根据性能等级和应用场合，对单向拉伸性能、高应力反复拉压、大变形反复拉压、抗疲劳等各项性能确定相应的检验项目。

4）接头应根据抗拉强度、残余变形以及高应力和大变形条件下反复拉压性能的差异，分为下列三个性能等级：

Ⅰ级：接头抗拉强度等于被连接钢筋的实际拉断强度或不小于1.10倍钢筋抗拉强度标准值，残余变形小并具有高延性及反复拉压性能。

Ⅱ级：接头抗拉强度不小于被连接钢筋抗拉强度标准值，残余变形较小并具有高延性及反复拉压性能。

Ⅲ级：接头抗拉强度不小于被连接钢筋屈服强度标准值的1.25倍，残余变形较小并具有一定的延性及反复拉压性能。

5）Ⅰ级、Ⅱ级、Ⅲ级接头的抗拉强度必须符合表6-13的规定。

表6-13   **接头的抗拉强度**

接头等级	Ⅰ级	Ⅱ级	Ⅲ级
抗拉强度	$f_{mst}^0 \geq f_{stk}$ 断于钢筋 或 $f_{smt}^0 \geq 1.10 f_{stk}$ 断于接头	$f_{mst}^0 \geq f_{stk}$	$f_{mst}^0 \geq 1.25 f_{yk}$

6）Ⅰ级、Ⅱ级、Ⅲ级接头应能经受规定的高应力和大变形反复拉压循环，且在经历拉压循环后，其抗拉强度仍应符合本小节表6-13的规定。

7）Ⅰ级、Ⅱ级、Ⅲ级接头的变形性能应符合表6-14的规定。

表6-14   **接头的变形性能**

接头等级		Ⅰ级	Ⅱ级	Ⅲ级
单向拉伸	残余变形/mm	$u_0 \leq 0.10$ ($d \leq 32$) $u_0 \leq 0.14$ ($d > 32$)	$u_0 \leq 0.14$ ($d \leq 32$) $u_0 \leq 0.16$ ($d > 32$)	$u_0 \leq 0.14$ ($d \leq 32$) $u_0 \leq 0.16$ ($d > 32$)
	最大力总伸长率/%	$A_{sgt} \geq 6.0$	$A_{sgt} \geq 6.0$	$A_{sgt} \geq 3.0$
高应力反复拉压	残余变形/mm	$u_{20} \leq 0.3$	$u_{20} \leq 0.3$	$u_{20} \leq 0.3$
大变形反复拉压	残余变形/mm	$u_4 \leq 0.3$ 且 $u_3 \leq 0.3$	$u_4 \leq 0.3$ 且 $u_3 \leq 0.3$	$u_4 \leq 0.6$

    注：当频遇荷载组合下，构件中钢筋应力明显高于 $0.6 f_{yk}$ 时，设计部门可对单向拉伸残余变形 u_0 的加载峰值提出调整要求。

8）对直接承受动力荷载的结构构件，设计应根据钢筋应力变化幅度提出接头的抗疲劳性能要求。当设计无专门要求时，接头的疲劳应力幅限值不应小于国家标准《混凝土结构设计规范》（GB 50010—2010）中表 4.2.5－1 普通钢筋疲劳应力幅限值的 80%。

（3）钢筋机械连接接头型式检验。

1）型式检验试件的仪表布置和变形测量标距应符合下列规定：

① 单向拉伸和反复拉压试验时的变形测量仪表应在钢筋两侧对称布置（图 6-12），取钢筋两侧仪表读数的平均值计算残余变形值。

② 变形测量标距

$$L_1 = L + 4d \tag{6-21}$$

式中　L_1——变形测量标距；

　　　L——机械接头长度；

　　　d——钢筋公称直径。

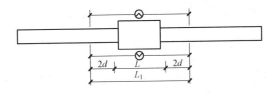

图 6-12　接头试件变形测量标距和仪表布置

2）型式检验试件最大力总伸长率 A_{sgt} 的测量方法应符合下列要求：

① 试件加载前，应在其套筒两侧的钢筋表面（见图 6-13）分别用细画线 A、B 和 C、D 标出测量标距为 L_{01} 的标记线，L_{01} 不应小于 100mm，标距长度应用最小刻度值不大于 0.1mm 的量具测量。

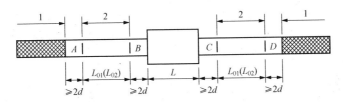

图 6-13　总伸长率 A_{sgt} 的测点布置

1—夹持区；2—测量区

② 试件应按表 6-15 单向拉伸加载制度加载并卸载，再次测量 A、B 和 C、D 间标距长度为 L_{02}。并应按下式计算试件最大力总伸长率 A_{sgt}：

$$A_{sgt} = \left(\frac{L_{02} - L_{01}}{L_{01}} + \frac{f^0_{mst}}{E}\right) \times 100 \qquad (6-22)$$

式中　f^0_{mst}、E——分别为试件达到最大力时的钢筋应力和钢筋理论弹性模量；

　　　　L_{01}——加载前 A、B 或 C、D 间的实测长度；

　　　　L_{02}——卸载后 A、B 或 C、D 间的实测长度。

应用上式计算时，当试件劲缩发生在套筒一侧的钢筋母材时，L_{01} 和 L_{02} 应取另一侧标记间加载前和卸载后的长度。当破坏发生在接头长度范围内时，L_{01} 和 L_{02} 应取套筒两侧各自读数的平均值。

3）接头试件型式检验应按表 6-15 和图 6-14～图 6-16 所示的加载制度进行试验。

表 6-15　　　　　　　　　接头试件型式检验的加载制度

试验项目		加载制度
单向拉伸		$0 \rightarrow 0.6f_{yk} \rightarrow 0$（测量残余变形）$\rightarrow$ 最大拉力（记录抗拉强度）0（测定最大力总伸长率）
高压力反复拉压		$0 \rightarrow (0.9f_{yk} - 0.5f_{yk}) \rightarrow$ 破坏 （反复 20 次）
大变形反复拉压	Ⅰ级 Ⅱ级	$0 \rightarrow (2\varepsilon_{yk} - 0.5f_{yk}) \rightarrow (5\varepsilon_{yk} - 0.5f_{yk}) \rightarrow$ 破坏 （反复 4 次）　　　　　（反复 4 次）
	Ⅲ级	$0 \rightarrow (2\varepsilon_{yk} - 0.5f_{yk}) \rightarrow$ 破坏 （反复 4 次）

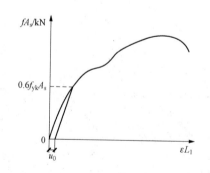

图 6-14　单向拉伸图

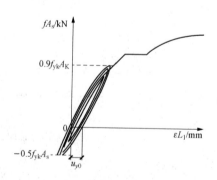

图 6-15　高应力反复拉压图

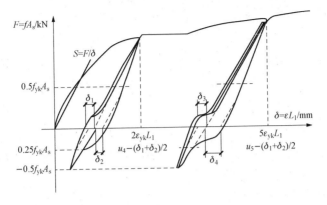

图 6-16　大变形反复拉压

注：1. S—钢筋的拉、压刚度；F—钢筋所受的力，等于钢筋应力 f 与钢筋量论横截面面积 A_s 的乘积；

δ—力作用下的钢筋变形，等于钢筋应变 ε 与变形测量标距 L_1 的乘积；A_s—钢筋理论横截面面积

（mm^2）；L_1—变形测量标距（mm）。

2. δ_1 为 $2\varepsilon_{yk}L_1$ 反复加载四次后，在加载力为 $0.5f_{yk}A_s$ 及反向卸载力为 $-0.25f_{yk}A_s$ 处作 S 的平行

线与横坐标交点之间的距离所代表的变形值。

3. δ_2 为 $2\varepsilon_{yk}L_1$ 反复加载四次后，在卸载应力水平为 $0.5f_{yk}A_s$ 及反向加载力为 $-0.25f_{yk}A_s$ 处，作 S

的平行线与横坐标交点之间的距离所代表的变形值。

4. δ_3、δ_4 为在 $5\varepsilon_{yk}L_1$ 反复加载四次后，按与 δ_1、δ_2 相同方法所得的变形值。

4）测量接头试件的残余变形时加载时的应力速率宜采用2N/（mm^2·s），最高不超过 10N/（mm^2·s）；测量接头试件的最大力总伸长率或抗拉强度时，试验机夹头的分离速率宜采用 $0.05L_c$/min，L_c 为试验机夹头间的距离。

（4）接头试件现场抽检试验方法。

1）现场工艺检验中，进行接头残余变形检验时，可采用不大于 $0.012A_sf_{stk}$ 的拉力作为名义上的零荷载。

2）施工现场随机抽检接头试件的抗拉强度试验应采用零到破坏的一次加载制度。

三、普通混凝土拌和物性能检测试验

1. 取样及试样的制备

（1）取样。

1）同一组混凝土拌和物的取样应从同一盘混凝土或同一车混凝土中取样。

取样量应多于试验所需量的 1.5 倍，且宜不小于 20L。

2）混凝土拌和物的取样应具有代表性，宜采用多次采样的方法。一般在同一盘混凝土或同一车混凝土中的约 1/4 处、1/2 处和 3/4 处分别取样，从第一次取样到最后一次取样不宜超过 1.5min，然后人工搅拌均匀。

3）从取样完毕到开始做各项性能试验，不宜超过 5min。

（2）试样的制备。

1）在试验室制备混凝土拌和物时，拌和时实验室的温度应保持在 20℃±5℃，所用材料的温度应与试验室温度保持一致。

注：需要模拟施工条件下所用的混凝土时，所用原材料的温度宜与施工现场保持一致。

2）试验室拌和混凝土时，材料用量应以质量计。称量精度：骨料为 ±1%，水、水泥、掺和料、外加剂均为 ±0.5%。

3）混凝土拌和物的制备应符合《普通混凝土配合比设计规程》(JGJ 55) 中的有关规定。

4）从试样制备完毕到开始做各项性能试验不宜超过 5min。

（3）试验记录。

1）取样记录应包括下列内容：

① 取样日期和时间。

② 工程名称、结构部位。

③ 混凝土强度等级。

④ 取样方法。

⑤ 试样编号。

⑥ 试样数量。

⑦ 环境温度及取样的混凝土温度。

2）在试验室制备混凝土拌和物时，除应记录以上内容外，还应记录下列内容：

① 试验室温度。

② 各种原材料品种、规格、产地及性能指标。

③ 混凝土配合比和每盘混凝土的材料用量。

2. 稠度试验

（1）坍落度与坍落扩展度法。

1）本方法适用于骨料最大粒径不大于 40mm、坍落度不小于 10mm 的混凝土拌和物稠度测定。

2）坍落度与坍落扩展度试验所用的混凝土坍落度仪应符合《混凝土坍落度仪》（JG/T 248—2009）中有关技术要求的规定。

3）坍落度与坍落扩展度试验应按下列步骤进行：

① 湿润坍落度筒及底板，在坍落度筒内壁和底板上应无明水。底板应放置在坚实水平面上，并把筒放在底板中心。然后，用脚踩住两边的脚踏板，坍落度筒在装料时应保持固定的位置。

② 把按要求取得的混凝土试样用小铲分三层均匀地装入筒内，使捣实后的每层高度为筒高的三分之一左右。每层用捣棒插捣 25 次。插捣应沿螺旋方向由外向中心进行，各次插捣应在截面上均匀分布。插捣筒边混凝土时，捣棒可以稍稍倾斜。插捣底层时，捣棒应贯穿整个深度，插捣第二层和顶层时，捣棒应插透本层至下一层的表面；浇灌顶层时，混凝土应灌到高出筒口。插捣过程中，如混凝土沉落到低于筒口，则应随时添加。顶层插捣完后，刮去多余的混凝土，并用抹刀抹平。

③ 清除筒边底板上的混凝土后，垂直平稳地提起坍落度筒。坍落度筒的提离过程应在 5～10s 内完成；从开始装料到提坍落度筒的整个过程应不间断地进行，并应在 150s 内完成。

④ 提起坍落度筒后，测量筒高与坍落后混凝土试体最高点之间的高度差，即为该混凝土拌和物的坍落度值。坍落度筒提离后，如混凝土发生崩坍或一边剪坏现象，则应重新取样另行测定；如第二次试验仍出现上述现象，则表示该混凝土和易性不好，应予记录备查。

⑤ 观察坍落后的混凝土试体的黏聚性及保水性。黏聚性的检查方法是用捣棒在已坍落的混凝土锥体侧面轻轻敲打，此时如果锥体逐渐下沉，则表示黏聚性良好；如果锥体倒塌、部分崩裂或出现离析现象，则表示黏聚性不好。保水性以混凝土拌和物稀浆析出的程度来评定，坍落度筒提起后如有较多的稀浆从底部析出，锥体部分的混凝土也因失浆而骨料外露，则表明此混凝土拌和物的保水性能不好；如坍落度筒提起后无稀浆或仅有少量稀浆自底部析出，则表示此混凝土拌和物保水性良好。

⑥ 当混凝土拌和物的坍落度大于 220mm 时，用钢尺测量混凝土扩展后最终的最大直径和最小直径，在这两个直径之差小于 50mm 的条件下，用其算术平均值作为坍落扩展度值；否则，此次试验无效。

如果发现粗骨料在中央集堆或边缘有水泥浆析出，表示此混凝土拌和物抗离析性不好，应予记录。

4）混凝土拌和物坍落度和坍落扩展度值以毫米为单位，测量精确至 1mm，结果表达修约至 5mm。

5）混凝土拌和物稠度试验报告内容除应包括《普通混凝土拌和物性能试验方法标准》(GB/T 50080—2016) 第 3.2.7 条的内容外，尚应报告混凝土拌和物坍落度值或坍落扩展度值。

（2）维勃稠度法。

1）本方法适用于骨料最大粒径不大于 40mm，维勃稠度在 5～30s 的混凝土拌合物稠度测定。坍落度不大于 50mm 或干硬性混凝土和维勃稠度大于 30s 的特干硬性混凝土拌和物的稠度，可采用增实因数法来测定。

2）维勃稠度试验所用维勃稠度仪，应符合《维勃稠度仪》JG 3043 中技术要求的规定。

3）维勃稠度试验应按下列步骤进行：

① 维勃稠度仪应放置在坚实水平面上，用湿布把容器、坍落度筒、喂料斗内壁及其他用具润湿。

② 将喂料斗提到坍落度筒上方扣紧，校正容器位置，使其中心与喂料中心重合，然后拧紧固定螺钉。

③ 把按要求取样或制作的混凝土拌和物试样用小铲分三层经喂料斗均匀地装入筒内，装料及插捣的方法应符合规定。

④ 把喂料斗转离，垂直地提起坍落度筒，此时应注意不要使混凝土试体产生横向的扭动。

⑤ 把透明圆盘转到混凝土圆台体顶面，放松测杆螺钉，降下圆盘，使其轻轻接触到混凝土顶面。

⑥ 拧紧定位螺钉，并检查测杆螺钉是否已经完全放松。

⑦ 在开启振动台的同时用秒表计时，当振动到透明圆盘的底面被水泥浆布满的瞬间停止计时，并关闭振动台。

4）由秒表读出时间即为该混凝土拌和物的维勃稠度值，精确至 1s。

5）混凝土拌和物稠度试验报告内容除应包括《普通混凝土拌和物性能试验方法标准》(GB/T 50080—2002) 第 3.2.7 条的内容外，尚应报告混凝土拌和物维勃稠度值。

3. 凝结时间试验

本方法适用于从混凝土拌和物中筛出的砂浆用贯入阻力法来确定坍落度值不为零的混凝土拌和物凝结时间的测定。

（1）试验装置。贯入阻力仪应由加荷装置、测针、砂浆试样筒和标准筛组成，可以是手动的，也可以是自动的。贯入阻力仪应符合下列要求：

1）加荷装置：最大测量值应不小于1000N，精度为±10N。

2）测针：长为100mm，承压面积为100mm²、50mm²和20mm²三种，在距贯入端25mm处刻有一圈标记。

3）砂浆试样筒：上口径为160mm，下口径为150mm，净高为150mm刚性不透水的金属圆筒，并配有盖子。

4）标准筛：筛孔为5mm的符合现行国家标准《试验筛》（GB/T 6005-2008）规定的金属圆孔筛。

（2）试验步骤。凝结时间试验应按下列步骤进行：

1）应从制备或现场取样的混凝土拌和物试样中，用5mm标准筛筛出砂浆，每次应筛净，然后将其拌和均匀。将砂浆一次分别装入3个试样筒中，做3个试验。取样混凝土坍落度不大于70mm的混凝土宜用振动台振实砂浆，取样混凝土坍落度大于70mm的宜用捣棒人工捣实。用振动台振实砂浆时，振动应持续到表面出浆为止，不得过振；用捣棒人工捣实时，应沿螺旋方向由外向中心均匀插捣25次，然后用橡皮锤轻轻敲打筒壁，直至插捣孔消失为止。振实或插捣后，砂浆表面应低于砂浆试样筒口约10mm；砂浆试样筒应立即加盖。

2）砂浆试样制备完毕，编号后应置于温度为20℃±2℃的环境中或现场同条件下待试，并在以后的整个测试过程中，环境温度应始终保持20℃±2℃。现场同条件测试时，应与现场条件保持一致。在整个测试过程中，除在吸取泌水或进行贯入试验外，试样筒应始终加盖。

3）凝结时间测定从水泥与水接触瞬间开始计时。根据混凝土拌和物的性能，确定测针试验时间，以后每隔0.5h测试一次，在临近初凝、终凝时可增加测定次数。

4）在每次测试前2min，将一片20mm厚的垫块垫入筒底一侧使其倾斜，用吸管吸去表面的泌水，吸水后平稳地复原。

5）测试时将砂浆试样筒置于贯入阻力仪上，测针端部与砂浆表面接触，然后在10s±2s内均匀地使测针贯入砂浆25mm±2mm深度，记录贯入压力，精确至10N；记录测试时间，精确至1min；记录环境温度，精确至0.5℃。

6）各测点的间距应大于测针直径的两倍且不小于15mm，测点与试样筒壁的距离应不小于25mm。

7）贯入阻力测试在0.2～28MPa应至少进行6次，直至贯入阻力大于

28MPa 为止。

8）在测试过程中应根据砂浆凝结状况，适时更换测针。更换测针宜按表 6-16 选用。

表 6-16　　　　　　　　　　测针选用规定表

贯入阻力/MPa	0.2～3.5	3.5～20	20～28
测针面积/mm²	100	50	20

（3）试验结果确定。贯入阻力的结果计算以及初凝时间和终凝时间的确定应按下述方法进行：

1）贯入阻力应按式（6-23）计算：

$$f_{PR} = \frac{P}{A} \tag{6-23}$$

式中　f_{PR}——贯入阻力，MPa；

　　　P——贯入压力，N；

　　　A——测针面积，mm²。

计算应精确至 0.1MPa。

2）凝结时间宜通过线性回归方法确定，即将贯入阻力 f_{PR} 和时间 t 分别取自然对数 $\ln f_{PR}$ 和 $\ln t$，然后把 $\ln f_{PR}$ 当作自变量，$\ln t$ 当作因变量作线性回归，得到回归方程式如下：

$$\ln t = A + B \ln f_{PR} \tag{6-24}$$

式中　t——时间，min；

　　　f_{PR}——贯入阻力，MPa；

　　A、B——线性回归系数。

根据式（6-24）求得当贯入阻力为 3.5MPa 时为初凝时间 t_s，贯入阻力为 28MPa 时为终凝时间 t_e：

$$t_s = e^{(A+B\ln 3.5)} \tag{6-25}$$

$$t_e = e^{(A+B\ln 28)} \tag{6-26}$$

式中　t_s——初凝时间，min；

　　　t_e——终凝时间，min；

　　A、B——式（6-24）中的线性回归系数。

凝结时间也可用绘图拟合方法确定，即以贯入阻力为纵坐标，经过的时间为横坐标（精确至 1min），绘制出贯入阻力与时间之间的关系曲线。以 3.5MPa 和

28MPa 划两条平行于横坐标的直线，分别与曲线相交的两个交点的横坐标即分别为混凝土拌和物的初凝和终凝时间。

3）用 3 个试验结果的初凝和终凝时间的算术平均值分别作为此次试验的初凝时间和终凝时间。如果 3 个测值的最大值或最小值中有一个与中间值之差超过中间值的 10%，则以中间值为试验结果；如果最大值和最小值与中间值之差均超过中间值的 10% 时，则此次试验无效。

凝结时间单位为 min，并修约至 5min。

（4）试验报告。混凝土拌和物凝结时间，试验报告内容除上述试验记录的内容外，还应包括以下内容：

1）每次做贯入阻力试验时所对应的环境温度、时间、贯入压力、测针面积和计算出来的贯入阻力值。

2）根据贯入阻力和时间绘制的关系曲线。

3）混凝土拌和物的初凝和终凝时间。

4）其他应说明的情况。

4. 泌水试验

本方法适用于骨料最大粒径不大于 40mm 的混凝土拌和物泌水测定。

（1）仪器设备。泌水试验所用的仪器设备应符合下列条件：

1）试样筒。容积为 5L 的容量筒并配有盖子。

2）台秤。称量为 50kg、感量为 50g。

3）量筒。容量为 10mL、50mL、100mL 的量筒及吸管。

4）振动台。应符合《混凝土试验室用振动台》（JG/T 3020）技术要求中的规定。

5）捣棒。

（2）试验步骤。泌水试验应按下列步骤进行：

1）应用湿布湿润试样筒内壁后立即称量，记录试样筒的质量。再将混凝土试样装入试样筒，混凝土的装料及捣实方法有两种：

① 用振动台振实。将试样一次装入试样筒内，开启振动台，振动应持续到表面出浆为止，且应避免过振；并使混凝土拌和物表面低于试样筒筒口 30mm±3mm，用抹刀抹平。抹平后立即计时并称量，记录试样筒与试样的总质量。

② 用捣棒捣实。采用捣棒捣实时，混凝土拌和物应分两层装入，每层的插捣次数应为 25 次；捣棒由边缘向中心均匀地插捣，插捣底层时捣棒应贯穿整个深度，插捣第二层时，捣棒应插透本层至下一层的表面；每一层捣完后用橡皮锤

轻轻沿试样筒外壁敲打5~10次，进行振实，直至拌和物表面插捣孔消失并不见大气泡为止；并使混凝土拌和物表面低于试样筒筒口30mm±3mm，用抹刀抹平。抹平后立即计时并称量，记录试样筒与试样的总质量。

2）在以下吸取混凝土拌和物表面泌水的整个过程中，应使试样筒保持水平、不受振动；除了吸水操作外，应始终盖好盖子；室温应保持在20℃±2℃。

3）从计时开始后60min内，每隔10min吸取1次试样表面渗出的水。60min后，每隔30min吸1次水，直至认为不再泌水为止。为了便于吸水，每次吸水前2min，将一片35mm厚的垫块垫入筒底一侧使其倾斜，吸水后平稳地复原。吸出的水放入量筒中，记录每次吸水的水量并计算累计水量，精确至1mL。

（3）结果计算。泌水量和泌水率的结果计算及其确定应按下列方法进行：

1）泌水量应按式（6-27）计算：

$$B_a = \frac{V}{A} \qquad\qquad (6 - 27)$$

式中　B_a——泌水量，mL/mm²；

　　　V——最后一次吸水后累计的泌水量，mL；

　　　A——试样外露的表面面积，mm²；

计算应精确至0.01mL/mm²。泌水量取3个试样测值的平均值。3个测值中的最大值或最小值，如果有一个与中间值之差超过中间值的15%，则以中间值为试验结果；如果最大值和最小值与中间值之差均超过中间值的15%时，则此次试验无效。

2）泌水率应按式（6-28）计算：

$$B = \frac{V_w}{(W/G)G_w} \times 100 \qquad\qquad (6 - 28)$$

$$G_w = G_1 - G_0 \qquad\qquad (6 - 29)$$

式中　B——泌水率，%；

　　　V_w——泌水总量，mL；

　　　G_w——试样质量，g；

　　　W——混凝土拌和物总用水量，mL；

　　　G——混凝土拌和物总质量，g；

　　　G_1——试样筒及试样总质量，g；

　　　G_0——试样筒质量，g。

计算应精确至1%。泌水率取3个试样测值的平均值。3个测值中的最大值或最小值，如果有一个与中间值之差超过中间值的 15％，则以中间值为试验结果；如果最大值和最小值与中间值之差均超过中间值的 15％时，则此次试验无效。

（4）试验报告。混凝土拌和物泌水试验记录及其报告内容应包括以下内容：

1）混凝土拌和物总用水量和总质量。

2）试样筒质量。

3）试样筒和试样的总质量。

4）每次吸水时间和对应的吸水量。

5）泌水量和泌水率。

5. 压力泌水试验

本方法适用于骨料最大粒径不大于 40mm 的混凝土拌和物压力泌水测定。

（1）仪器设备。压力泌水试验所用的仪器设备应符合下列条件：

1）压力泌水仪。其主要部件包括压力表、缸体、工作活塞、筛网等（见图 6-17）。压力表最大量程为 6MPa，最小分度值不大于 0.1MPa；缸体内径为 125mm±0.02mm，内高为 200mm±0.2mm；工作活塞压强为 3.2MPa，公称直径为 125mm；筛网孔径为 0.315mm。

2）捣棒。

3）量筒。200mL 量筒。

（2）试验步骤。压力泌水试验应按以下步骤进行：

1）混凝土拌和物应分两层装入压力泌水仪的缸体容器内，每层的插捣次数应为 20次。捣棒由边缘向中心均匀地插捣，插捣底层时捣棒应贯穿整个深度，插捣第二层时，

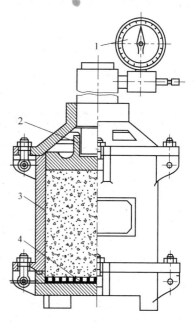

图 6-17　压力泌水仪

1—压力表；2—工作活塞；

3—缸体；4—筛网

捣棒应插透本层至下一层的表面；每一层捣完后用橡皮锤轻轻沿容器外壁敲打 5～10 次，进行振实，直至拌和物表面插捣孔消失并不见大气泡为止；并使拌和物表面低于容器口以下约 30mm 处，用抹刀将表面抹平。

2）将容器外表擦干净，压力泌水仪按规定安装完毕后应立即给混凝土试样施加压力至 3.2MPa，并打开泌水阀门同时开始计时，保持恒压，泌出的水接入 200mL 量筒里；加压至 10s 时读取泌水量 V_{10}，加压至 140s 时读取泌水量 V_{140}。

（3）计算。压力泌水率应按式（6 - 30）计算：

$$B_V = \frac{V_{10}}{V_{140}} \times 100 \qquad (6 - 30)$$

式中　B_V——压力泌水率，%；

　　V_{10}——加压至 10s 时的泌水量，mL；

　　V_{140}——加压至 140s 的泌水量，mL。

压力泌水率的计算应精确至 1%。

（4）试验报告。混凝土拌和物压力泌水试验报告内容除应包括《普通混凝土拌和物性能试验方法标准》（GB/T 50080—2016）第 3.2.7 条的内容外，还应包括以下内容：

1）加压至 10s 时的泌水量 V_{10} 和加压至 140s 时的泌水量 V_{140}。

2）压力泌水率。

四、普通混凝土力学性能试验

1. 试件的制作

混凝土试件的制作，参见本书第四章相关内容。

2. 试件的养护

（1）试件成型后应立即用不透水的薄膜覆盖表面。

（2）采用标准养护的试件，应在温度为 20℃±5℃ 的环境中静置一昼夜至二昼夜，然后编号、拆模。拆模后应立即放入温度为 20℃±2℃、相对湿度为 95% 以上的标准养护室中养护，或在温度为 20℃±2℃ 的不流动的氢氧化钙饱和溶液中养护。标准养护室内的试件应放在支架上，彼此间隔 10～20mm，试件表面应保持潮湿，并不得被水直接冲淋。

（3）同条件养护试件的拆模时间可与实际构件的拆模时间相同。拆模后，试件仍需保持同条件养护。

（4）标准养护龄期为 28d（从搅拌加水开始计时）。

3. 试验记录

试件制作和养护的试验记录内容应符合《普通混凝土力学性能试验方法标

准》(GB/T 50081—2002)第1.0.3条第2款的规定。

4. 抗压强度试验

本方法适用于测定混凝土立方体试件的抗压强度。混凝土试件的尺寸应符合《普通混凝土力学性能试验方法标准》(GB/T 50081—2002)第3.1节中的有关规定。

(1) 试验设备:

试验采用的试验设备应符合下列规定:

1) 混凝土立方体抗压强度试验所采用压力试验机应符合《普通混凝土力学性能试验方法标准》(GB/T 50081—2002)第4.3节的规定。

2) 混凝土强度等级大于等于C60时,试件周围应设防崩裂网罩。当压力试验机上、下压板不符合《普通混凝土力学性能试验方法标准》(GB/T 50081—2002)第4.6.2条规定时,压力试验机上、下压板与试件之间应各垫以符合《普通混凝土力学性能试验方法标准》(GB/T 50081—2002)第4.6节要求的钢垫板。

(2) 试验步骤。立方体抗压强度试验应按下列步骤进行:

1) 试件从养护地点取出后应及时进行试验,将试件表面与上下承压板面擦干净。

2) 将试件安放在试验机的下压板或垫板上,试件的承压面应与成型时的顶面垂直。试件的中心应与试验机下压板中心对准,开动试验机。当上压板与试件或钢垫板接近时,调整球座,使接触均衡。

3) 在试验过程中应连续均匀地加荷,混凝土强度等级小于C30时,加荷速度取0.3~0.5MPa/s;混凝土强度等级大于等于C30且小于C60时,加荷速度取0.5~0.8MPa/s;混凝土强度等级大于等于C60时,加荷速度取0.8~1.0MPa/s。

4) 当试件接近破坏开始急剧变形时,应停止调整试验机油门,直至破坏。然后记录破坏荷载。

(3) 结果计算。立方体抗压强度试验结果计算及确定按下列方法进行:

1) 混凝土立方体抗压强度应按式(6-31)计算:

$$f_{cc} = \frac{F}{A} \tag{6-31}$$

式中　f_{cc}——混凝土立方体试件抗压强度,MPa;

　　F——试件破坏荷载,N;

　　A——试件承压面积,mm^2。

混凝土立方体抗压强度计算应精确至0.1MPa。

2）强度值的确定应符合下列规定：

① 3个试件测值的算术平均值作为该组试件的强度值，精确至0.1MPa。

② 3个测值中的最大值或最小值中如有一个与中间值的差值超过中间值的15％时，则把最大值和最小值一并舍除，取中间值作为该组试件的抗压强度值。

③ 如最大值和最小值与中间值的差均超过中间值的15％，则该组试件的试验结果无效。

3）混凝土强度等级小于C60时，用非标准试件测得的强度值均应乘以尺寸换算系数，其值对200mm×200mm×200mm试件为1.05，对100mm×100mm×100mm试件为0.95。当混凝土强度等级不小于C60时，宜采用标准试件；使用非标准试件时，尺寸换算系数应由试验确定。

（4）试验报告。混凝土立方体抗压强度试验报告内容除应满足《普通混凝土力学性能试验方法标准》（GB/T 50081—2002）第1.0.3条要求外，还应报告实测的混凝土立方体抗压强度值。

5. 轴心抗压强度试验

本试验方法适用于测定棱柱体混凝土试件的轴心抗压强度。测定混凝土轴心抗压强度试验的试件应符合《普通混凝土力学性能试验方法标准》（GB/T 50081—2002）第3章中的有关规定。

（1）试验设备。试验采用的试验设备应符合下列规定：

1）轴心抗压强度试验所采用压力试验机的精度应符合《普通混凝土力学性能试验方法标准》（GB/T 50081—2002）第4.3节的要求。

2）混凝土强度等级大于等于C60时，试件周围应设防崩裂网罩。当压力试验机上、下压板不符合《普通混凝土力学性能试验方法标准》（GB/T 50081—2002）第4.6.2条规定时，压力试验机上、下压板与试件之间应各垫以符合《普通混凝土力学性能试验方法标准》（GB/T 50081—2002）第4.6节要求的钢垫板。

（2）试验步骤。轴心抗压强度试验应按下列步骤进行：

1）试件从养护地点取出后应及时进行试验，用干毛巾将试件表面与上下承压板面擦干净。

2）将试件直立放置在试验机的下压板或钢垫板上，并使试件轴心与下压板中心对准。

3）开动试验机，当上压板与试件或钢垫板接近时，调整球座，使接触均衡。

4）应连续均匀地加荷，不得有冲击。

5）试件接近破坏而开始急剧变形时，应停止调整试验机油门，直至破坏，然后记录破坏荷载。

（3）试验结果计算。试验结果计算及确定按下列方法进行：

1）混凝土试件轴心抗压强度应按式（6-32）计算：

$$f_{cp} = \frac{F}{A} \tag{6-32}$$

式中　f_{cp}——混凝土轴心抗压强度，MPa；

　　　　F——试件破坏荷载，N；

　　　　A——试件承压面积，mm^2。

混凝土轴心抗压强度计算值应精确至 0.1MPa。

2）混凝土轴心抗压强度值的确定应符合上述第（4）款的规定。

3）混凝土强度等级小于 C60 时，用非标准试件测得的强度值均应乘以尺寸换算系数，其值对 200mm×200mm×400mm 试件为 1.05，对 100mm×100mm×300mm 试件为 0.95。当混凝土强度等级大于等于 C60 时，宜采用标准试件；使用非标准试件时，尺寸换算系数应由试验确定。

（4）试验报告。混凝土轴心抗压强度试验报告内容除应满足 GB/T 50081—2002 第 1.0.3 条要求外，还应报告实测的混凝土轴心抗压强度值。

6. 抗折强度试验

本方法适用于测定混凝土的抗折强度。试件除应符合 GB/T 50081—2002 第 3 章的有关规定外，在纵向中部 1/3 区段内不得有表面直径超过 5mm、深度超过 2mm 的孔洞。

（1）试验设备。试验采用的试验设备应符合下列规定：

1）试验机应符合 GB/T 50081—2002 第 4.3 节的有关规定。

2）试验机应能施加均匀、连续、速度可控的荷载，并带有能使两个相等荷载同时作用在试件跨度 3 分点处的抗折试验装置，如图 6-18 所示。

3）试件的支座和加荷头应采用直径为 20~40mm、长度不小于 $b+10mm$ 的硬钢圆柱。支座立脚点固定铰支，其他应为滚动支点。

（2）试验步骤。抗折强度试验应按下列步骤进行：

1）试件从养护地取出后应及时进行试验，将试件表面擦干净。

2）按图 6-18 装置试件，安装尺寸偏差不得大于 1mm。试件的承压面应为试件成型时的侧面。支座及承压面与圆柱的接触面应平稳、均匀，否则应垫平。

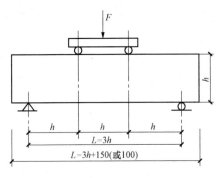

图 6 - 18　抗折试验装置

3）施加荷载应保持均匀、连续。当混凝土强度等级小于 C30 时，加荷速度取 0.02～0.05MPa/s；当混凝土强度等级大于等于 C30 且小于 C60 时，加荷速度取 0.05～0.08MPa/s；当混凝土强度等级大于等于 C60 时，加荷速度取 0.08～0.10MPa/s。至试件接近破坏时，应停止调整试验机油门，直至试件破坏，然后记录破坏荷载。

4）记录试件破坏荷载的试验机示值及试件下边缘断裂位置。

（3）试验计算。抗折强度试验结果计算及确定按下列方法进行：

1）若试件下边缘断裂位置处于两个集中荷载作用线之间，则试件的抗折强度 f_f 按式（6 - 33）计算：

$$f_f = \frac{Fl}{bh^2} \qquad\qquad (6 - 33)$$

式中　f_f——混凝土抗折强度，MPa；

　　　F——试件破坏荷载，N；

　　　l——支座间跨度，mm；

　　　h——试件截面高度，mm；

　　　b——试件截面宽度，mm。

抗折强度计算应精确至 0.1MPa。

2）3 个试件中若有一个折断面位于两个集中荷载之外，则混凝土抗折强度值按另两个试件的试验结果计算。若这两个测值的差值不大于这两个测值的较小值的 15% 时，则该组试件的抗折强度值按这两个测值的平均值计算；否则，该组试件的试验无效。若有两个试件的下边缘断裂位置位于两个集中荷载作用线之外，则该组试件试验无效。

3）当试件尺寸为 100mm×100mm×400mm 非标准试件时，应乘以尺寸换算系数 0.85；当混凝土强度等级大于等于 C60 时，宜采用标准试件；使用非标准试件时，尺寸换算系数应由试验确定。

（4）试验报告。混凝土抗折强度试验报告内容除应满足 GB/T 50081—2002 第 1.0.3 条要求外，还应包括实测的混凝土抗折强度值。

五、建筑砂浆检测试验

1. 砌筑砂浆的性质

砌筑砂浆应具有良好的和易性、足够的抗压强度、黏结强度和耐久性。

（1）和易性。和易性良好的砂浆便于操作，能在砖、石表面上铺成均匀的薄层，并能很好地与底层黏结。和易性包括稠度和保水性两个方面。

1）稠度。砂浆稠度（又称流动性）表示砂浆在自重或外力作用下流动的性能，用沉入度表示。

沉入度值通过试验测定，以标准圆锥体在砂浆内自由下沉 10s 时，沉入量数值（mm）表示。其值越大，则砂浆流动性越大，此值过大会降低砂浆强度，过小又不便于施工操作。工程中砌筑砂浆适宜的稠度应按表 6‑17 选用。

表 6‑17　　　　　　　　　　　　砌筑砂浆的稠度

砌 体 种 类	砂浆稠度/mm
烧结普通砖砌体	70～90
轻集料混凝土空心砌块砌体	60～90
烧结多孔砖、空心砖砌体	60～80
烧结普通砖平拱式过梁 空斗墙、筒拱 普通混凝土小型空心砌块砌体 加气混凝土砌块砌体	50～70
石砌体	30～50

2）保水性。保水性是指砂浆能够保持水分的性能，用分层度表示。

分层度通过分层度仪测定，将拌好的砂浆置于容器中，测其试锥沉入砂浆的深度，即沉入度 K_1，静止 30min 后，去掉上面一层 20cm 厚度的砂浆，将下面剩余 10cm 砂浆倒出拌和均匀，测其沉入度 K_2，两次沉入度差（K_1-K_2）称为分层度，单位 mm。砌筑砂浆分层度不应大于 30mm，其中混凝土小型砌块砌筑砂浆分层度应为 10～30mm。分层度过小的砂浆，因析水过慢，干燥时易产生裂缝；分层度过大的砂浆，易产生离析，不便于施工。

（2）抗压强度。砂浆硬化后在砌体中主要传递压力，所以砌筑砂浆应具有足够的抗压强度。确定砌筑砂浆的强度，应按标准试验方法制成 7.07mm 的立方体标准试件，在标准条件下养护28d测其抗压强度，并以28d抗压强度值来划分砂浆的强度等级。

砌筑砂浆共分为M20.0、M15.0、M10.0、M7.5、M5、M2.5等6个强度等级。其中，混凝土小型空心砌块砌筑砂浆强度等级用Mb表示，分为Mb25.0、Mb20.0、Mb15.0、Mb10.0、Mb7.5、Mb5.0等6个强度等级。各强度等级相应的强度指标见表6-18。

表6-18　　　　　　　　　　　　　砂浆强度指标

强 度 等 级		抗压极限强度/MPa
砌筑砂浆	混凝土小型空心砌块砌筑砂浆	
—	Mb25.0	25.0
M20.0	Mb20.0	20.0
M15.0	Mb15.0	15.0
M10.0	Mb10.0	10.0
M7.5	Mb7.5	7.5
M5.0	Mb5.0	5.0
M2.5		2.5

（3）黏结强度与耐久性：砌筑砂浆必须有足够的黏结强度，以便将砖、石、砌块黏结成坚固的砌体。从砌体的整体性来看，砂浆的黏结强度较抗压强度更为重要。根据试验结果，凡保水性能优良的砂浆，黏结强度一般较好。砂浆强度等级越高，其黏结强度也越大。此外，砂浆黏结强度还与砖石表面清洁度、润湿情况及养护条件有关。砌筑前砖要浇水湿润，其含水率控制在10%～15%为宜。其目的就是为了提高砖与砂浆之间的黏结强度。

考虑耐久性，对有冻融循环次数要求的砌筑砂浆，经冻融试验后，质量损失率不得大于5%，抗压强度损失率不得大于25%。

（4）密度。水泥砂浆拌和物的堆积密度不宜小于1900kg/m³；水泥混合砂浆拌和物的堆积密度不宜小于1800kg/m³。

2. 干混砂浆技术要求

干混砂浆，也称预混（拌）砂浆、干粉砂浆，是由专业生产厂家生产、经干燥筛分处理的细骨料与无机胶结料、矿物掺和料和外加剂按一定比例混合而成的一种颗粒状或粉状混合物，在施工现场按使用说明加水搅拌即成为砂浆拌和物。普通干混砂浆技术要求见表6-19。

表 6 - 19　　　　　　　　　　　　普通干混砂浆技术要求

种　　类		砌筑砂浆	抹灰砂浆	地平砂浆
强度等级		DM2.5	DP2.5	DS15
		DM5.0	DP5.0	DS20
		DM7.5	DP7.5	DS25
		DM10	DP10	
		DM15		
稠度/mm		≤90	≤100	≤50
分层度/mm		≤20	≤20	≤20
保水性/%		≥80	≥80	—
28d 抗压强度/MPa		≥其强度等级	≥其强度等级	≥其强度等级
凝结时间/h	初凝	≥2	≥2	≥2
	终凝	≤10	≤10	≤10
抗冻性		满足设计要求		
收缩率/%		≤0.5	≤0.5	≤0.5

3. 砂浆检测试验取样及试样制备

（1）取样。

1）建筑砂浆试验用料应从同一盘砂浆或同一车砂浆中取样。取样量不应少于试验所需量的 4 倍。

2）当施工过程中进行砂浆试验时，砂浆取样方法应按相应的施工验收规范执行，并宜在现场搅拌点或预拌砂浆卸料点的至少 3 个不同部位及时取样。对于现场取得的试样，试验前应人工搅拌均匀。

3）从取样完毕到开始进行各项性能试验，不宜超过 15min。

（2）试样的制备。

1）在试验室制备砂浆试样时，所用材料应提前 24h 运入室内。拌和时，试验室的温度应保持在 20℃±5℃。当需要模拟施工条件下所用的砂浆时，所用原材料的温度宜与施工现场保持一致。

2）试验所用原材料应与现场使用材料一致。砂应通过 4.75mm 筛。

3）试验室拌制砂浆时，材料用量应以质量计。水泥、外加剂、掺和料等的称量精度应为±0.5%，细骨料的称量精度应为±1%。

4）在试验室搅拌砂浆时应采用机械搅拌，搅拌机应符合现行行业标准《试验用砂浆搅拌机》（JG/T 3033—1996）的规定，搅拌的用量宜为搅拌机容量的

30%～70%，搅拌时间不应少于120s。掺有掺和料合外加剂的砂浆，其搅拌时间不应少于180s。

（3）试验记录。试验记录应包括下列内容：

1）取样日期和时间。

2）工程名称、部位。

3）砂浆品种、砂浆技术要求。

4）试验依据。

5）取样方法。

6）试样编号。

7）试样数量。

8）环境温度。

9）试验室温度、湿度。

10）原材料品种、规格、产地及性能指标。

11）砂浆配合比和每盘砂浆的材料用量。

12）仪器设备名称、编号及有效期。

13）试验单位、地点。

14）取样人员、试验人员、复核人员。

4. 砂浆稠度试验

（1）本方法适用于确定砂浆的配合比或施工过程中控制砂浆的稠度。

（2）稠度试验应使用下列仪器：

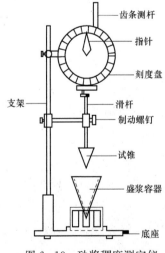

图6-19　砂浆稠度测定仪

1）砂浆稠度仪。应由试锥、容器和支座三部分组成。试锥应由钢材或铜材制成，试锥高度应为145mm，锥底直径应为75mm，试锥连同滑杆的质量应为300g±2g；盛浆容器应由钢板制成，容器高应为180mm，锥底内径应为150mm；支座应包括底座、支架及刻度显示三个部分，应由铸铁、钢或其他金属制成（见图6-19）。

2）钢制捣棒。直径为10mm，长度为350mm，端部磨圆。

3）秒表。

（3）稠度试验应按下列步骤进行：

1）应先采用少量润滑油轻擦滑杆，再将滑杆上多余的油用吸油纸擦净，使滑杆能自由滑动。

2）应先采用湿布擦净盛浆容器和试锥表面，再将砂浆拌和物一次装入容器；砂浆表面宜低于容器口 10mm，用捣棒自容器中心向边缘均匀地插捣 25 次，然后轻轻地将容器摇动或敲击 5～6 下，使砂浆表面平整，随后将容器置于稠度测定仪的底座上。

3）拧开制动螺钉，向下移动滑杆。当试锥尖端与砂浆表面刚接触时，应拧紧制动螺钉，使齿条测杆下端刚接触滑杆上端，并将指针对准零位。

4）拧开制动螺钉，同时计时，10s 时立即拧紧螺钉，将齿条测杆下端接触滑杆上端，从刻度盘上读出下沉深度（精确至 1mm），即为砂浆的稠度值。

5）盛浆容器内的砂浆，只允许测定一次稠度，重复测定时，应重新取样测定。

（4）稠度试验结果应按下列要求确定：

1）同盘砂浆应取两次试验结果的算术平均值作为测定值，并应精确至 1mm。

2）当两次试验值之差大于 10mm 时，应重新取样测定。

5.砂浆表观密度试验

（1）本方法适用于测定砂浆拌和物捣实后的单位体积质量，以确定每立方米砂浆拌和物中各组成材料的实际用量。

（2）表观密度试验应使用下列仪器：

1）容量筒。应由金属制成，内径应为 108mm，净高应为 109mm，筒壁厚应为 2～5mm，容积应为 1L。

2）天平。称量应为 5kg，感量应为 5g。

3）钢制捣棒。直径为 10mm，长度为 350mm，端部磨圆。

4）砂浆密度测定仪（图 6-20）。

5）振动台。振幅应为 0.5mm±0.05mm，频率应为 50Hz±3Hz。

6）秒表。

（3）砂浆拌和物表观密度试验应按下列步骤进行：

1）应按照上述第 4 条的规定测定砂浆拌和物的稠度。

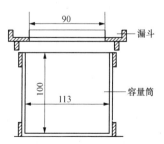

图 6-20　砂浆密度测定仪

2）应先采用湿布擦净容量筒的内表面，再称量容量筒质量 m₁，精确至 5g。

3）捣实可采用手工或机械方法。当砂浆稠度大于 50mm 时，宜采用人工插捣法；当砂浆稠度不大于 50mm 时，宜采用机械振动法。

采用人工插捣时，将砂浆拌和物一次装满容量筒，使稍有富余，用捣棒由边缘向中心均匀地插捣 25 次。当插捣过程中砂浆沉落到低于筒口时，应随时添加砂浆，再用木锤沿容器外壁敲击 5～6 下。

采用振动法时，将砂浆拌和物一次装满容量筒连同漏斗在振动台上振 10s。当振动过程中砂浆沉入到低于筒口时，应随时添加砂浆。

4）捣实或振动后，应将筒口多余的砂浆拌和物刮去，使砂浆表面平整。然后，将容量筒外壁擦净，称出砂浆与容量筒总质量 m_2，精确至 5g。

（4）砂浆拌和物的表观密度应按下式计算：

$$\rho = \frac{m_2 - m_1}{V} \times 1000 \tag{6-34}$$

式中 ρ——砂浆拌和物的表观密度，kg/m³；

m_1——容量筒质量，kg；

m_2——容量筒及试样质量，kg；

V——容量筒容积，L。

取两次试验结果的算术平均值作为测定值，精确至 10kg/m³。

（5）容量筒的容积可按下列步骤进行校正：

1）选择一块能覆盖住容量筒顶面的玻璃板，称出玻璃板和容量筒质量。

2）向容量筒中灌入温度为 20℃±5℃ 的饮用水，灌到接近上口时，一边不断加水，一边把玻璃板沿筒口徐徐推入盖严。玻璃板下不得存在气泡。

3）擦净玻璃板面及筒壁外的水分，称量容量筒、水和玻璃板质量（精确至 5g）。两次质量之差（以 kg 计）即为容量筒的容积（L）。

6．砂浆分层度试验

（1）本方法适用于测定砂浆拌和物的分层度，以确定在运输及停放时砂浆拌和物的稳定性。

（2）分层度试验应使用下列仪器：

1）砂浆分层度筒（见图 6-21）。应由钢板制成，内径应为 150mm，上节高度应为 200mm，下节带底净高应为 100mm，两节的连接处应加宽 3～5mm，并应设有橡胶垫圈。

2）振动台。振幅应为 0.5mm±0.05mm，频率应为 50Hz±3Hz。

3）砂浆稠度仪、木锤等。

（3）分层度的测定可采用标准法和快速法。当发生争议时，应以标准法的测定结果为准。

（4）标准法测定分层度应按下列步骤进行：

1）应按照上述第 4 条的规定测定砂浆拌和物的稠度。

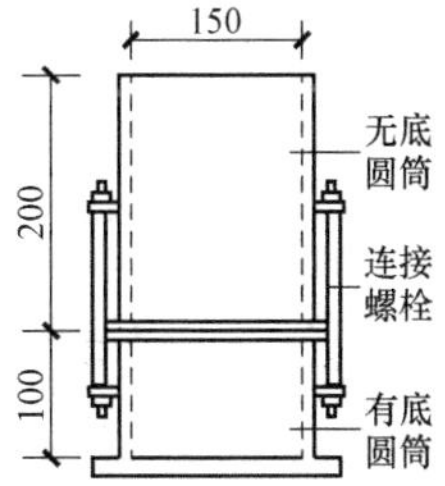

图 6-21　砂浆分层度测定仪

2）应将砂浆拌和物一次装入分层度筒内，待装满后，用木锤在分层度筒周围距离大致相等的四个不同部位轻轻敲击 1～2 下；当砂浆沉落到低于筒口时，应随时添加，然后刮去多余的砂浆并用抹刀抹平。

3）静置 30min 后，去掉上节 200mm 砂浆，然后将剩余的 100mm 砂浆倒在拌和锅内拌 2min，再按照上述第 4 条的规定测其稠度。前后测得的稠度之差即为该砂浆的分层度值。

（5）快速法测定分层度应按下列步骤进行：

1）应按照上述第 4 条的规定测定砂浆拌和物的稠度。

2）应将分层度筒预先固定在振动台上，砂浆一次装入分层度筒内，振动 20s。

3）去掉上节 200mm 砂浆，剩余 100mm 砂浆倒出放在拌和锅内拌 2min，再按上述第 4 条的稠度试验方法测其稠度，前后测得的稠度之差即为该砂浆的分层度值。

（6）分层度试验结果应按下列要求确定：

1）应取两次试验结果的算术平均值作为该砂浆的分层度值，精确至 1mm。

2）当两次分层度试验值之差大于 10mm 时，应重新取样测定。

7.　砂浆凝结时间试验

（1）本方法适用于采用贯入阻力法确定砂浆拌和物的凝结时间。

（2）凝结时间试验使用仪器。

1）砂浆凝结时间测定，应由试针、容器、压力表和支座四部分组成，并应符合下列规定（图 6-22）：

① 试针。应由不锈钢制成，截面积应为 30mm^2。

② 盛浆容器。应由钢制成，内径应为 140mm，高度应为 75mm。

③ 压力表。测量精度应为 0.5N。

④ 支座。应分底座、支架及操作杆三部分，应由铸铁或钢制成。

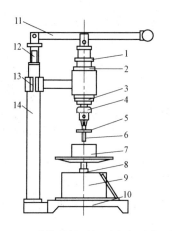

图6-22　砂浆凝结时间测定仪示意图

1—调节套；2、3—调节螺母；

4—夹头；5—垫片；6—试针；

7—试模；8—调整螺母；9—压力表座；

10—底座；11—操作杆；12—调节杆；

13—立架；14—立柱

2）定时钟。

（3）凝结时间试验应按下列步骤进行：

1）将制备好的砂浆拌和物装入盛浆容器内，砂浆应低于容器上口10mm，轻轻敲击容器，并予以抹平，盖上盖子，放在20℃±2℃的试验条件下保存。

2）砂浆表面的泌水不得清除，将容器放到压力表座上，然后通过下列步骤来调节测定仪：

① 调节螺母3，使贯入试针与砂浆表面接触。

② 拧开调节螺母2，再调节螺母1，以确定压入砂浆内部的深度为25mm后再拧紧螺母2。

③ 旋动调节螺母8，使压力表指针调到零位。

3）测定贯入阻力值，用截面为30mm²的贯入试针与砂浆表面接触，在10s内缓慢而均匀地垂直压入砂浆内部25mm深，每次贯入时记录仪表读数Np，贯入杆离开容器边缘或已贯入部位应至少12mm。

4）在20℃±2℃的试验条件下，实际贯入阻力值应在成型后2h开始测定，并应每隔30min测定一次，当贯入阻力值达到0.3MPa时，应改为每15min测定一次，直至贯入阻力值达到0.7MPa为止。

（4）在施工现场测定凝结时间应符合下列规定：

1）当在施工现场测定砂浆的凝结时间时，砂浆的稠度、养护和测定的温度应与现场相同。

2）在测定湿拌砂浆的凝结时间时，时间间隔可根据实际情况定为受检砂浆预测凝结时间的1/4、1/2、3/4等来测定，当接近凝结时间时可每15min测定一次。

（5）砂浆贯入阻力值应按下式计算：

$$f_p = \frac{N_p}{A_p} \qquad (6-35)$$

式中　f_p——贯入阻力值，MPa，精确至0.01MPa；

A_p——贯入试针的截面积，即 $30mm^2$。

(6) 砂浆的凝结时间可按下列方法确定：

1) 凝结时间的确定可采用图示法或内插法，有争议时应以图示法为准。

从加水搅拌开始计时，分别记录时间和相应的贯入阻力值，根据试验所得各阶段的贯入阻力与时间的关系绘图，由图求出贯入阻力值达到 0.5MPa 的所需时间 t_s（min），此时的 t_s 值即为砂浆的凝结时间测定值。

2) 测定砂浆凝结时间时，应在同盘内取两个试样，以两个试验结果的算术平均值作为该砂浆的凝结时间值，两次试验结果的误差不应大于 30min，否则应重新测定。

8. 砂浆立方体抗压强度试验

(1) 砂浆立方体抗压强度试验应使用下列仪器设备：

1) 试模。应为 70.7mm×70.7mm×70.7mm 的带底试模，应符合现行行业标准《混凝土试模》(JG 237) 的规定，应具有足够的刚度并拆装方便。试模的内表面应机械加工，其不平度应为每 100mm 不超过 0.05mm，组装后各相邻面的不垂直度不应超过 ±0.5°。

2) 钢制捣棒。直径为 10mm，长度为 350mm，端部磨圆。

3) 压力试验机。精度应为 1%，试件破坏荷载应不小于压力机量程的 20%，且不应大于全量程的 80%。

4) 垫板。试验机上、下压板及试件之间可垫以钢垫板，垫板的尺寸应大于试件的承压面，其不平度应为每 100mm 不超过 0.02mm。

5) 振动台。空载中台面的垂直振幅应为 0.5mm±0.05mm，空载频率应为 50Hz±3Hz，空载台面振幅均匀度不应大于 10%，一次试验应至少能固定 3 个试模。

(2) 立方体抗压强度试件的制作及养护应按下列步骤进行：

1) 应采用立方体试件，每组试件应为 3 个。

2) 应采用黄油等密封材料涂抹试模的外接缝，试模内应涂刷薄层机油或隔离剂。应将拌制好的砂浆一次性装满砂浆试模，成型方法应根据稠度而确定。当稠度大于 50mm 时，宜采用人工插捣成型，当稠度不大于 50mm 时，宜采用振动台振实成型。

① 人工插捣。应采用捣棒均匀地由边缘向中心按螺旋方式插捣 25 次，插捣过程中当砂浆沉落低于试模口时，应随时添加砂浆，可用油灰刀插捣数次，并用手将试模一边抬高 5～10mm 各振动 5 次，砂浆应高出试模顶面 6～8mm。

② 机械振动。将砂浆一次装满试模，放置到振动台上，振动时试模不得跳动，振动 5～10s 或持续到表面泛浆为止，不得过振。

③ 应待表面水分稍干后，再将高出试模部分的砂浆沿试模顶面刮去并抹平。

④ 试件制作后应在温度为 20℃±5℃ 的环境下静置 24h±2h，对试件进行编号、拆模。当气温较低时，或者凝结时间大于 24h 的砂浆，可适当延长时间，但不应超过 2d。试件拆模后应立即放入温度为 20℃±2℃，相对湿度为 90% 以上的标准养护室中养护。养护期间，试件彼此间隔不得小于 10mm，混合砂浆、湿拌砂浆试件上面应覆盖，防止有水滴在试件上。

⑤ 从搅拌加水开始计时，标准养护龄期应为 28d，也可根据相关标准要求增加 7d 或 14d。

（3）立方体试件抗压强度试验应按下列步骤进行：

1）试件从养护地点取出后应及时进行试验。试验前应将试件表面擦拭干净，测量尺寸，并检查其外观，并应计算试件的承压面积。当实测尺寸与公称尺寸之差不超过 1mm 时，可按照公称尺寸进行计算。

2）将试件安放在试验机的下压板或下垫板上，试件的承压面应与成型时的顶面垂直，试件中心应与试验机下压板或下垫板中心对准。开动试验机，当上压板与试件或上垫板接近时，调整球座，使接触面均衡受压。承压试验应连续而均匀地加荷，加荷速度应为 0.25～1.5kN/s；砂浆强度不大于 2.5MPa 时，宜取下限。当试件接近破坏而开始迅速变形时，停止调整试验机油门，直至试件破坏，然后记录破坏荷载。

（4）砂浆立方体抗压强度应按下式计算：

$$f_{m,cu} = K \frac{N_u}{A} \tag{6-36}$$

式中　$f_{m,cu}$——砂浆立方体试件抗压强度，MPa，应精确至 0.1 MPa；

　　　N_u——试件破坏荷载，N；

　　　A——试件承压面积，mm^2；

　　　K——换算系数，取 1.35。

（5）立方体抗压强度试验的试验结果应按下列要求确定：

1）应以三个试件测值的算术平均值作为该组试件的砂浆立方体抗压强度平均值（f_2），精确至 0.1MPa。

2）当三个测值的最大值或最小值中有一个与中间值的差值超过中间值的 15% 时，应把最大值及最小值一并舍去，取中间值作为该组试件的抗压强度值。

3）当两个测值与中间值的差值均超过中间值的 15％时，该组试验结果应为无效。

9. 砂浆抗冻性能试验

（1）本方法可用于检验强度等级大于 M2.5 的砂浆的抗冻性能。

（2）砂浆抗冻试件的制作及养护应按下列要求进行：

1）砂浆抗冻试件应采用 70.7mm×70.7mm×70.7mm 的立方体试件，并应制备两组、每组 3 块，分别作为抗冻和与抗冻试件同龄期的对比抗压强度检验试件；

2）砂浆试件的制作与养护方法应符合规定。

（3）抗冻性能试验应使用下列仪器设备：

1）冷冻箱（室）。装入试件后，箱（室）内的温度应能保持在 −20～−15℃。

2）篮框。应采用钢筋焊成，其尺寸应与所装试件的尺寸相适应。

3）天平或案秤。称量应为 2kg，感量应为 19。

4）融解水槽。装入试件后，水温应能保持在 15～20℃。

5）压力试验机。精度应为 1％，量程应不小于压力机量程的 20％，且不应大于全量程的 80％。

（4）砂浆抗冻性能试验应符合下列规定：

1）当无特殊要求时，试件应在 28d 龄期进行冻融试验。试验前两天，应把冻融试件和对比试件从养护室取出，进行外观检查并记录其原始状况，随后放入 15～20℃的水中浸泡，浸泡的水面应至少高出试件顶面 20mm。冻融试件应在浸泡两天后取出，并用拧干的湿毛巾轻轻擦去表面水分，然后对冻融试件进行编号，称其质量，然后置入篮框进行冻融试验。对比试件则放回标准养护室中继续养护，直到完成冻融循环后，与冻融试件同时试压。

2）冻或融时，篮框与容器底面或地面应架高 20mm，篮框内各试件之间应至少保持 50mm 的间隙。

3）冷冻箱（室）内的温度均应以其中心温度为准。试件冻结温度应控制在 −20～−15℃。当冷冻箱（室）内温度低于 −15℃时，试件方可放入。当试件放入之后，温度高于 −15℃时，应以温度重新降至 −15℃时计算试件的冻结时间。从装完试件至温度重新降至 −15℃的时间不应超过 2h。

4）每次冻结时间应为 4h，冻结完成后应立即取出试件，并应立即放入能使水温保持在 15～20℃的水槽中进行融化。槽中水面应至少高出试件表面 20mm，试件在水中融化的时间不应小于 4h。融化完毕即为一次冻融循环。取出试件，并应用拧干的湿毛巾轻轻擦去表面水分，送入冷冻箱（室）进行下一次循环试验，依此连续进行直至设计规定次数或试件破坏为止。

5）每五次循环，应进行一次外观检查，并记录试件的破坏情况；当该组试件中有 2 块出现明显分层、裂开、贯通缝等破坏时，该组试件的抗冻性能试验应终止。

6）冻融试验结束后，将冻融试件从水槽取出，用拧干的湿布轻轻擦去试件表面水分，然后称其质量。对比试件应提前两天浸水。

7）应将冻融试件与对比试件同时进行抗压强度试验。

（5）砂浆冻融试验后应分别按下列公式计算其强度损失率和质量损失率。

1）砂浆试件冻融后的强度损失率应按下式计算：

$$\Delta f_m = \frac{f_{m1} - f_{m2}}{f_{m2}} \times 100 \qquad (6-37)$$

式中　Δf_m——n 次冻融循环后砂浆试件的砂浆强度损失率（%），精确至 1%；

　　　f_{m1}——对比试件的抗压强度平均值，MPa；

　　　f_{m2}——经 n 次冻融循环后的 3 块试件抗压强度的算术平均值，MPa。

2）砂浆试件冻融后的质量损失率应按下式计算：

$$\Delta m_m = \frac{m_0 - m_n}{m_0} \times 100 \qquad (6-38)$$

式中　Δm_m——n 次冻融循环后砂浆试件的质量损失率，以 3 块试件的算术平均值计算，%，精确至 1%；

　　　m_0——冻融循环试验前的试件质量，g；

　　　m_n——n 次冻融循环后的试件质量，g。

当冻融试件的抗压强度损失率不大于 25%，且质量损失率不大于 5%时，则该组砂浆试块在相应标准要求的冻融循环次数下，抗冻性能可判为合格，否则应判为不合格。

10. 砂浆吸水率试验

（1）吸水率试验应使用下列仪器：

1）天平。称量应为 1000g，感量应为 1g。

2）烘箱。0～150℃，精度±2℃。

3）水槽。装入试件后，水温应能保持在 20℃±2℃的范围内。

（2）吸水率试验应按下列步骤进行：

1）应按上述第 1 条的规定成型及养护试件，并应在第 28d 取出试件，然后在 105℃±5℃ 温度下烘干 48h±0.5h，称其质量 m_0。

2）应将试件成型面朝下放入水槽，用两根 10 号的钢筋垫起。试件应完全浸入水中，且上表面距离水面的高度应不小于 20mm。浸水 48h±0.5h 取出，用拧干的湿布擦去表面水，称其质量 m_1。

（3）砂浆吸水率应按下式计算：

$$W_x = \frac{m_1 - m_0}{m_0} \times 100\%$$ （6-39）

式中 W_x——砂浆吸水率，％；

m_1——吸水后试件质量，g；

m_0——干燥试件的质量，g。

应取 3 块试件测值的算术平均值作为砂浆的吸水率，并应精确至 1％。

11. 砂浆抗渗性能试验

（1）抗渗性能试验应使用下列仪器：

1）金属试模。应采用截头圆锥形带底金属试模，上口直径应为 70mm，下口直径应为 80mm，高度应为 30mm。

2）砂浆渗透仪。

（2）抗渗试验应按下列步骤进行：

1）应将拌和好的砂浆一次装入试模中，并用抹灰刀均匀插捣 15 次，再颠实 5 次，当填充砂浆略高于试模边缘时，应用抹刀以 45°角一次性将试模表面多余的砂浆刮去，然后再用抹刀以较平的角度在试模表面反方向将砂浆刮平。应成型 6 个试件。

2）试件成型后，应在室温 20℃±5℃ 的环境下，静置 24h±2h 后再脱模。试件脱模后，应放入温度 20℃±2℃、湿度 90％ 以上的养护室养护至规定龄期。试件取出待表面干燥后，应采用密封材料密封装入砂浆渗透仪中进行抗渗试验。

3）抗渗试验时，应从 0.2MPa 开始加压，恒压 2h 后增至 0.3MPa，以后每隔 1h 增加 0.1MPa。当 6 个试件中有 3 个试件表面出现渗水现象时，应停止试验，记下当时水压。在试验过程中，当发现水从试件周边渗出时，应停止试验，重新密封后再继续试验。

（3）砂浆抗渗压力值应以每组 6 个试件中 4 个试件未出现渗水时的最大压力

计，并应按下式计算：

$$p = H - 0.1 \tag{6-40}$$

式中　p——砂浆抗渗压力值（MPa），精确至 0.1MPa；

　　　H——6 个试件中 3 个试件出现渗水时的水压力（MPa）。

六、外墙饰面砖拉拔试验

1. 试样及取样

（1）外墙饰面砖现场检测试样尺寸。按长、宽、厚的尺寸为 95mm×45mm×8mm 或 40mm×40mm×8mm，允许偏差为±0.5mm，用 45 号钢或铬钢材料所制作的标准试件。

（2）外墙饰砖检测取样。

1）现场镶贴的外墙饰面砖工程：每 300m² 同类墙体取 1 组试样，每组 3 个，每一楼层不得少于 1 组；不足 300m² 同类墙体，每两楼层取 1 组试样，每组 3 个。

2）带饰面砖的预制墙板，每生产 100 块预制墙板取 1 组试样，每组在 3 块板中各取 1 个试样。预制墙板不足 100 块按 100 块计。

3）试样应由专业检验人员随机抽取。但取样间距不得小于 500mm。

（3）检验时间。外墙饰面砖黏结强度的实体检验，应在外墙饰面砖完成施工并达到养护龄期后进行。对于水泥基粘贴材料来说，养护龄期一般应不少于 28d。

特殊情况下如果在 7d 或 14d 进行检测，规范允许通过对比试验确定黏结强度的修正系数，再利用该系数对检验结果进行修正。

2. 外墙饰面砖现场检测试验与评定

（1）外墙饰面砖现场检测试验要求。

1）标准块在粘贴饰面砖前应将表面的污渍清除并保持干燥。

2）胶粘剂应按比例调好并搅拌均匀，随用随配，涂布均匀，涂层厚度不得大于 1mm。在饰面砖上粘贴标准块时，应将被粘贴饰面砖用棉丝擦净，不得有尘土或水泥浆。标准块粘贴后应及时用胶带来定形固定。

3）胶粘剂硬化前养护时间。当气温高于 15℃时不少于 24h。气温在 5～15℃时不少于 48h。当气温低于 5℃时不少于 72h。在养护期不得浸入水，当气温低于 5℃时，标准块在粘贴前应预热 70～80℃后，再进行粘贴。

4）进行拉力试验前应用手持切割锯沿标准块的边对饰面砖进行切割，深度到基层。

5）组装黏结强度测定仪后将方向接头接到标准块上，匀速摇转手板直至饰面砖剥离，记录粘贴力值和破坏形式。

6）结束后应将标准块清理干净。

7）结果计算与评定。

（2）黏结强度计算：

1）单个饰面砖试件黏结强度。

$$R = \frac{X}{S_t} \times 10^3 \tag{6-41}$$

式中　R——表示黏结强度；

　　　X——表示黏结力；

　　　S_t——表示试样受拉面积。

2）平均黏结强度。

$$R_m = \frac{1}{3} \sum_{i=1}^{3} R_i \tag{6-42}$$

式中　R_m——黏结强度平均值，MPa，精确至 0.1MPa；

　　　R_i——单个试件黏结强度值（MPa）。

（3）试验结果评定。

1）在建筑物外墙上镶贴的同类饰面砖，其黏结强度同时符合以下两项指标时可定为合格：

① 每组试样平均黏结强度不应小于 0.4MPa。

② 每组可有一个试样的黏结强度小于 0.4MPa，但不应小于 0.3MPa。

当上述两项指标均不符合要求时，其黏结强度应定为不合格。

2）与预制构件一次成型的外墙板饰面砖，其黏结强度同时符合以下两项指标时可定为合格：

① 每组试样平均黏结强度不应小于 0.6MPa。

② 每组可有一个试样的黏结强度小于 0.6MPa，但不应小于 0.4MPa。

当两项指标均不符合要求时，其黏结强度应定为不合格。

3）当一组试样只满足第一或第二项中的一项指标时，应在该组试样原取样区域内重新抽取双倍试样检验。若检验结果仍有一项指标达不到规定数值，则该批饰面砖黏结强度可定为不合格。

七、建筑节能工程检验

为加强建筑节能工程的施工质量管理，统一建筑节能工程施工质量验收，提高建筑工程节能效果，《建筑节能工程施工质量验收规范》规定把建筑节能工程作为单位建筑工程的一个分部工程，单位工程竣工验收应在建筑节能分部工程验收合格后进行。建筑节能工程检验分为成品半成品进场检验、围护结构现场实体检测、系统节能性能检测等三部分。

1. 成品半成品进场检验

建筑节能工程使用的材料、设备等，必须符合设计要求及国家有关标准的规定。严禁使用国家明令禁止使用与淘汰的材料和设备，对材料和设备应按照《建筑节能工程施工质量验收规范》（GB 50411—2014）附录 A 表 A.0.1 及有关规定在施工现场抽样复验，复验应为见证取样送检。

2. 基层与保温层黏结强度现场拉拔试验

（1）保温板材墙体保温系统。

1）检测条件。保温层施工完成，养护时间达到黏结材料要求的龄期，并在下道工序施工前。

2）检测内容。

① 基层与保温板材的黏结强度现场拉拔试验，每个检验批不少于 3 处，每处测 1 点。取样部位宜均匀分布，不宜在同一房间外墙上选取。

② 基层与保温板材黏结面积现场试验，每个单体工程检测 1 组，每组检测 1 整块保温板材（尺寸为 1.2m×0.6m 或为保温板材实际尺寸）。

3）检测结果判定。

① 基层与保温板材的黏结强度平均值必须满足设计要求且不小于 0.1MPa，破坏界面不得位于界面层。

② 基层与保温板材累计黏结面积满足设计要求且不得小于 40%。

（2）保温浆料墙体保温系统。

1）检测条件。保温层施工完成，养护时间达到黏结材料要求的龄期，并在下道工序施工前。

2）检测数量。每个单体工程检测 1 组，每组测 3 处，每处测 1 点。取样部位宜均匀分布，不宜在同一房间外墙上选取。

3）检测结果判定。检测黏结强度平均值必须满足设计要求且不小于

0.1MPa。破坏界面不得位于界面层。

3. 饰面层与保温层黏结强度现场拉拔试验

（1）薄抹面层与保温层的黏结强度现场拉拔试验。

1）检测条件。薄抹面层施工完成，养护时间达到黏结材料要求的龄期，并在下道工序施工前。

2）检测数量。每个单体工程检测 1 组，每组测 3 处，每处测 1 点。取样部位宜均匀分布，不宜在同一房间外墙上选取。

3）检测结果判定。检测黏结强度平均值必须满足设计要求且不小于0.1MPa。破坏界面不得位于界面层。

（2）墙面采用饰面砖，饰面砖的黏结强度现场拉拔试验。

1）检测条件。面砖饰面层施工完成，养护时间达到黏结材料要求的龄期。

2）检测数量。每个检验批不少于 3 处，每处测 1 点。取样部位宜均匀分布，不宜在同一房间外墙上选取。

3）检测结果判定：检测黏结强度平均值必须满足设计要求且不小于0.4MPa；一组内可有一处试样的黏结强度小于 0.4MPa，但不应小于 0.3MPa。

4. 围护结构（墙体）传热系数检测

（1）节能墙体传热系数试验室检测（等同于现场检测）。

1）检测条件。在墙体节能工程施工前，按设计要求在试验室砌筑标准墙体，根据相同施工工艺确定墙体干燥养护时间。

2）检测数量。每单位工程每种节能做法的墙体各检测 1 组，每组为 1 块标准墙体。

3）检测结果判定。按照设计要求判定，试验结果不大于设计值的 120%。

（2）现场检测。

1）检测条件。围护结构施工完成，围护结构（墙体）和环境均达到干燥状态。

2）检测数量。每单位工程每种节能做法的围护结构（墙体）各检测 1 组，每组测 1 处。

3）检测结果判定。按照设计要求判定，试验结果不大于设计值的 140%。

5. 建筑外窗气密性现场检测

（1）检测条件。建筑外窗安装完成，并达到竣工交付要求。现场需要具备接电条件。

（2）检测数量。同一厂家、同一品种、类型的产品各抽查不少于 3 樘。

（3）检测结果判定。将3樘试件正压值、负压值分别平均后对照规范确定各自所属等级，最后取两者中的不利级别为该组试件所属等级。正、负压测值分别定级。门窗等级按《建筑外窗气密性能分级及检测方法》（GB/T 7107）或《建筑外窗气密、水密、抗风压性能现场检测方法》（JG/T 211—2007）要求判定。

6. 围护结构的外墙节能构造钻芯检验

（1）检测条件。墙体节能工程保温层施工完成后，饰面层施工前。现场需要准备适量水，具备接电条件。

（2）检测数量。每个单体工程抽取1组，每组3处，每处1个芯样。取样部位宜均匀分布．不宜在同一房间外墙上选取。

（3）检测结果判定。实测芯样厚度的平均值达到设计厚度的95%及以上且最小值不低于设计厚度的90%时，可判定保温层厚度符合设计要求；保温材料的种类应符合设计要求。

7. 后置锚固件现场拉拔试验

（1）检测条件。保温板材的后置锚固件安装完成，且在下道工序施工前。

（2）检测数量。采用同材料、同工艺和施工做法的墙面，每 $500 \sim 1000 m^2$ 面积划分为一个检验批，不足 $500 m^2$ 也为一个检验批。每个检验批抽查不少于3处。

（3）检测结果判定。10个后置锚固件抗拉承载力平均值必须满足设计要求且不小于 0.30kN，最小值不小于 0.20kN。

8. 系统节能性能检测

采暖、通风和空调、配电与照明工程安装完成后，应进行系统节能性能的检测，且应由建设单位委托具有相应检测资质的检测机构检测并出具报告，受季节影响未进行的节能性能检测项目．应在保修期内补做。采暖、通风和空调、配电与照明系统节能性能检测的主要项目及要求见下表，其检测方法应按国家现行有关标准执行。系统节能性能检测的项 H 和抽样数量也可以在工程合同中约定，必要时可以增加其他检测项目，当合同中约定的检测项目和抽样数量不应低于表6-20规定。

表 6-20　　　　　　　　　　　　系统节能性能检测一览表

序号	检测项目	抽样数量	允许偏差或规定值
1	室内温度	居住建筑每户抽测卧室或起居室 1 间，其他建筑按房间总数抽测 10%	冬季不得低于设计计算温度 2℃，且不应高于 1℃；夏季不得高于设计计算温度 2℃，且不应低于 1℃
2	供热系统室外管网的水力平衡度	每个热源与换热站均不少于 1 个独立的供热系统	0.9～1.2
3	供热系统的补水率	每个热源与换热站均不少于 1 个独立的供热系统	0.5%～1%
4	室外管网的热输送效率	每个热源与换热站均不少于 1 个独立的供热系统	≥0.92
5	各风口的风量	按风管系统数量抽查 10%，且不得少于 1 个系统	≤15%
6	通风与空调系统的总风量	按风管系统数量抽查 10%，且不得少于 1 个系统	≤10%
7	空调机组的水流量	按系统数量抽查 10%，且不得少于 1 个系统	≤20%
8	空调系统冷热水、冷却水总流量	全数	≤10%
9	平均照度与照明功率密度	按同一功能区不少于 2 处	≤10%

八、建筑工程室内环境污染物浓度检测

民用建筑室内污染物由建筑工程所用的建筑材料和装修材料产生，主要有氡（Rn-222）、甲醛、氨、苯和总挥发性有机化合物（TVOC）。民用建筑工程根据控制室内环境污染的不同要求，划分以下两类：Ⅰ类民用建筑工程：住宅、医院、老年建筑、幼儿园、学校教室等民用建筑工程；Ⅱ类民用建筑工程：办公楼、商店、旅馆、文化娱乐场所、书店、图书馆、展览馆、体育馆、公共交通等候室、餐厅、理发店等民用建筑。

1. 基本要求

（1）Ⅰ类民用建筑工程室内装修采用的无机非金属装修材料必须为 A 类，人造木板及饰面人造木板必须采用 E1 类。

（2）Ⅱ类民用建筑工程宜采用 A 类无机非金属建筑材料和装修材料，当 A 类和 B 类无机非金属装修材料混合使用时，应按下式计算，确定每种材料的使用量：

$$\sum f_i \cdot I_{Rai} \leqslant 1 \qquad (6-43)$$

$$\sum f_i \cdot I_{Yi} \leqslant 1.3 \qquad (6-44)$$

式中 f_i——第 i 种材料在材料总用量中所占的份额（％）；

　　I_{Rai}——第 i 种材料的内照射指数；

　　I_{Yi}——第 i 种材料的外照射指数。

（3）Ⅱ类民用建筑工程的室内装修，宜采用 E1 类人造木板及饰面人造木板，当采用 E2 类人造板时，直接暴露于空气的部位应进行表面进行涂覆密封处理。

（4）对民用建筑工程装修还有以下规定：

1）民用建筑工程的室内装修时，不应采用聚乙烯醇水玻璃内墙涂料、聚乙烯醇缩甲醛内墙涂料和树脂以硝化纤维为主、溶剂以二甲苯为主的水包油型多彩内墙涂料，也不应采用聚乙烯醇缩甲醛类胶粘剂。

2）民用建筑工程室内装修中所使用的木地板及其他木质材料，严禁采用沥青、煤焦油类防腐、防潮处理剂。

3）Ⅰ类民用建筑工程室内装修粘贴塑料地板时，不应采用溶剂型胶粘剂，Ⅱ类民用建筑工程地下室及与室外直接自然通风的房间粘贴塑料地板时，不宜采用溶剂型胶粘剂。

4）民用建筑工程中，不应在室内采用脲醛树脂泡沫塑料作为保温、隔热和吸声材料。

2. 材料

（1）无机非金属建筑主体材料和装修材料。民用建筑工程所使用的砂、石、砖、砌块、水泥、混凝土、混凝土预制构件等无机非金属建筑主体材料的放射性指标限量，应符合表 6-21 的规定。

表 6-21   无机非金属建筑主体材料放射性指标限量

测定项目	限 量	测定项目	限 量
内照射指数 I_{Ra}	≤1.0	外照射指数 I_r	≤1.0

民用建筑工程所使用的无机非金属装修材料，包括石材、建筑卫生陶瓷、石膏板、吊顶材料、无机瓷质砖胶粘材料等，进行分类时，其放射性限量应符合表6-22规定。

表 6-22   无机非金属装修材料放射性指标限量

测定项目	限 量	
	A	B
内照射指数 I_{Ra}	≤1.0	≤1.3
外照射指数 I_r	≤1.3	≤1.9

民用建筑工程所使用的加气混凝土和空心率（孔洞率）大于25％的空心砖、空心砌块等建筑主体材料，其表面氡析出率不大于0.015，天然放射性核素镭－266、钍－232、钾－40的放射性比活度应同时满足内照射指数不大于1.0，外照射指数不大于1.3。

（2）人造木板及饰面人造木板。民用建筑工程室内用人造木板及饰面人造木板，必须测定游离甲醛含量或游离甲醛释放量，人造木板及饰面人造木板根据游离甲醛含量或游离甲醛释放量限量划分为E1类和F2类，具体分类依据见表6-23～表6-25。

表 6-23   环境测试舱法测定游离甲醛释放限量

类 别	限量（mg/m³）
E_1	≤0.12

表 6-24   穿孔法测定游离甲醛含量分类限量

类 别	限量（mg/100g，干材料）
E_1	≤9.0
E_2	≤30.0

表 6 - 25 干燥器法测定游离甲醛释放量分类限量

类　　别	限量（mg/100g，干材料）
E₁	≤1.5
E₂	≤5.0

（3）涂料。民用建筑工程室内用水性涂料和水性腻子，应测定游离甲醛的含量，其限量应符合表 6 - 26 规定。

表 6 - 26 室内用水性涂料和水性腻子中游离甲醛限量

测定项目	限　　量	
	水性涂料	水性腻子
游离甲醛（mg/kg）	≤100	

民用建筑工程室内用溶剂型涂料和木器用溶剂型腻子，应按其规定的最大稀释比例混合后，测定 VOC 和苯、甲苯＋二甲苯＋乙苯的含量，其限量应符合表 6 - 27 规定。

表 6 - 27 VOC、苯＋二甲苯＋乙苯限量

涂料名称	VOC/（g/L）	苯/（g/kg）	甲苯＋二甲苯＋乙苯/（g/kg）
醇酸类涂料	≤500	≤0.3	≤5
硝基类涂料	≤720	≤0.3	≤30
聚氨酯类涂料	≤670	≤0.3	≤30
酚醛防锈漆	≤270	≤0.3	—
其他溶剂型涂料	≤600	≤0.3	≤30
木器用溶剂型腻子	≤550	≤0.3	≤30

聚氨酯漆测定固化剂中游离二异氰酸酯（TDI、HDI）的含量后，应按其规定的最小稀释比例计算出聚氨酯漆中游离二异氰酸酯（TDI、HDI）的含量，且不应大于 4g/kg。

（4）胶黏剂。民用建筑工程室内用水性胶黏剂，应测定挥发性有机化合物（VOC）和游离甲醛的含量，其限量应符合表 6 - 28 规定。

表 6 - 28 室内用水性胶粘剂中 VOC 和游离甲醛限量

测定项目	限　　量			
	聚乙酸乙烯酯胶黏剂	橡胶类胶黏剂	聚氨酯类胶黏剂	其他胶黏剂
挥发性有机化合物（VOC）/（g/L）	≤110	≤250	≤100	≤350
游离甲醛/（g/kg）	≤1.0	≤1.0	—	≤1.0

民用建筑工程室内用溶剂型胶黏剂，应测定挥发性有机化合物（VOC）、苯、甲苯＋二甲苯的含量，其限量应符合表 6-29 规定。

表 6-29　　　　室内用溶剂型胶黏剂中 VOC、苯、甲苯＋二甲苯限量

测定项目	限　　量			
	氯丁橡胶胶黏剂	SBS胶黏剂	聚氨酯类胶黏剂	其他胶黏剂
苯／（g/kg）	≤750			
甲苯＋二甲苯／（g/kg）	≤200	≤150	≤150	≤150
挥发性有机化合物（VOC）/（g/kg）	≤700	≤650	≤700	≤700

聚氨酯胶粘剂应测定固化剂中游离甲苯二异氰酸酯（TDI）的含量，并不应大于 10g/kg。

（5）水性处理剂。民用建筑工程室内用水性阻燃剂（包括防火涂料）、防水剂、防腐剂等水性处理剂，应测定游离甲醛的含量，其限量应符合表 6-30 规定。

表 6-30　　　　　　　室内用水性处理剂中游离甲醛的限量

测定项目	限　　量
游离甲醛／（mg/kg）	≤100

3. 检验

（1）材料进场检验。

1）民用建筑工程中所采用的无机非金属建筑材料和装修材料必须有放射性指标检测报告，并应符合设计要求和有关规范要求。

2）民用建筑室内饰面采用的天然花岗岩石材或瓷质砖使用面积大于 200m² 时，应对不同产品、不同批次材料分别进行放射性指标的抽查复验。

3）民用建筑工程室内装修中所采用的人造木板及饰面人造木板，必须有游离甲醛含量或游离甲醛释放量检测报告，并应符合设计要求和有关规范的要求。

4）民用建筑工程室内装修中采用的某一种人造木板或饰面人造木板面积大于 500m² 时，应对不同产品、不同批次材料的游离甲醛含量或游离甲醛释放量分别进行抽查复验。

5）民用建筑工程室内装修中所采用的水性涂料、水性胶粘剂、水性处理剂必须有同批次产品的挥发性有机化合物（VOC）和游离甲醛含量检测报告；溶剂

型涂料、溶剂型胶粘剂必须有同批次产品的挥发性有机化合物（VOC）、苯、甲苯＋二甲苯、游离甲苯二异氰酸酯（TDI）含量检测报告，并应符合设计要求和有关规范的规定。

6）建筑材料和装修材料的检测项目不全或对检测结果有疑问时，必须将材料送有资质的检测机构进行检验．检验合格后方可使用。

（2）室内环境检测。

1）民用建筑工程及室内装修工程的室内环境质量验收，应在工程完工至少7d以后、工程交付使用前进行。民用建筑工程验收时，应抽检每个建筑单体有代表性的房间室内环境污染物浓度。氡、甲醛、氨、苯、TVOC的抽检量不得少于房间总数的5%．每个建筑单体不得少于3间，当房间总数少于3间时，应全数检测。民用建筑工程验收时，凡进行了样板间室内环境污染物浓度检测且检测结果合格的，抽检数量减半，并不得少于3间。

2）民用建筑工程验收时，室内环境污染物浓度检测点数应按表6-31设置：

表6-31 室内环境污染物浓度检测点数设置

房间使用面积 S/m^2	检测点数/个
＜50	1
$50 \leqslant S < 100$	2
$100 \leqslant S < 500$	不少于3
$500 \leqslant S < 1000$	不少于5
$1000 \leqslant S < 3000$	不少于6
$S \geqslant 3000$	每1000m² 不少于3

当房间内有2个及以上检测点时，应采用对角线、斜线、梅花状均衡布点，并取各点检测结果的平均值作为该房间的检测值。

3）环境污染物浓度现场检测点应距内墙面不小于0.5m，距楼地面高度0.8～1.8m，检测点应均匀分布，避开通风口和通风道。

4）民用建筑工程室内环境中甲醛、苯、氨、总挥发性有机化合物（VOC）浓度检测时，对采用集中空调的民用建筑工程，应在空调正常运转的条件下进行；对采用自然通风的民用建筑工程，检测应在对外门窗关闭1h后进行。对甲醛、氨、苯、TVOC取样检测时，装饰装修工程中完成的固定式家具，应保持正常使用状态。

5）民用建筑工程室内环境中氡浓度检测时，对采用集中空调的民用建筑工程，应在空调正常运转的条件下进行，对采用自然通风的民用建筑工程，应在房间的对外门窗关闭 24h 以后进行。

6）当室内环境污染物浓度的全部检测结果符合表 6-32 规定时，可判定该工程室内环境质量合格。

表 6-32　　　　　　民用建筑工程室内环境污染物浓度限量

污染物	Ⅰ类民用建筑工程	Ⅱ类民用建筑工程
氡/（Bq/m³）	≤200	≤400
甲醛/（mg/m³）	≤0.08	≤0.1
苯/（mg/m³）	≤0.09	≤0.09
氨/（mg/m³）	≤0.2	≤0.2
TVOC/（mg/m³）	≤0.5	≤0.6

当室内环境污染物浓度检测结果不符合表 6-31 规定时，应查找原因并采取措施进行处理，并可对不合格项进行再次检测，再次检测时，抽检数量应增加 1 倍，并应包含同类型房间及原不合格房间。再次检测结果符合规范规定时，应判定为室内环境质量合格。

参 考 文 献

［1］中华人民共和国住房和城乡建设部. 建筑与市政工程施工现场专业人员职业标准（JGJ/T 250—2011)［S］. 北京：中国建筑工业出版社，2011.

［2］北京土木建筑学会. 试验员必读［M］. 北京：中国电力出版社，2013.

［3］本书编委会. 建筑施工手册［M］. 5 版. 北京：中国建筑工业出版社，2012.

［4］江苏省建设工程质量监督总站. 检测基础知识［M］. 北京：中国建筑工业出版社，2009.

［5］江苏省建设工程质量监督总站. 建筑材料检测［M］. 北京：中国建筑工业出版社，2009.

［6］江苏省建设工程质量监督总站. 建筑地基与基础检测［M］. 北京：中国建筑工业出版社，2009.

［7］中华人民共和国住房和城乡建设部. 建筑工程检测试验技术管理规范（JGJ/T 190—2010)［S］. 北京：中国建筑工业出版社，2010.

［8］中华人民共和国住房和城乡建设部. 房屋建筑和市政基础设施工程质量检测技术管理规范（GB 50618—2011)［S］. 北京：中国建筑工业出版社，2011.